JN114198

［監修］ 東京大学名誉教授 浅田邦博
一般社団法人 パワーデバイス・イネーブリング協会

入門編 改訂版

日経BPコンサルティング

はじめに

本書はパワーデバイス・イネーブリング協会編纂の「はかる×わかる半導体　入門編」の改訂版です。旧版同様、この協会が主催する「半導体技術者検定（エレクトロニクス）3級」の公式参考書です。各種半導体から応用の広がりをみせる先端パワーデバイスに至るまで、基礎とともにその構造、品質と信頼性を保証する試験技術まで、最新の知識を紹介しわかりやすく解説しています。

半導体技術の発展は微細化、高集積化とともに水平分業の歴史であったといえます。今では一つの製品を作りあげるために、国際的な多くの企業が関わっています。品質の高い製品を生み出すには、専門性の異なる多くの関係者と技術的会話をし、効率的連携を図るとともに、低価格であっても質の劣る模造部品を見抜く品質管理力が求められます。さらに利用者に安心を提供するにはセキュリティ機能を重視し、思わぬ情報漏洩を引き起こす隠された“バックドア”等の心配のない製品を構成することが重要です。

このような時代背景の下、本書は「製品品質の本質」を理解する技術者育成を目的に、多くの近代産業にとって“産業の米”である半導体にもう一度焦点をあて出版したものです。最先端の半導体工ンジニアを認定する上記の検定試験を目指す方々にはもちろん、それぞれの企業活動の中で半導体の基礎知識を学習するための社内教育用としても最適な書籍となっています。本書の編纂および検定試験の実施主体であるパワーデバイス・イネーブリング協会の理念は「パワーデバイスの規格化・標準化を進め、安全性の客観的評価を可能とすること」を推進することです。半導体の品質管理やそのための試験技術の重要性について理解し、実践的知識を有する人を数多く世に送り出し、半導体産業を支える一助となることを目指しています。

最後になりましたが、本書の発刊および改訂にあたり、多くの方にご協力を頂きました。ここに深く感謝致します。

2020年12月

浅田邦博

目次 Contents

はじめに ……… i

序章 半導体の試験について Preface ……… 1

第1章 半導体の基礎 Fundamentals

1.1 半導体物性 ……… 8
1.2 トランジスタの構造と動作原理 ……… 14
1.3 デバイス製造プロセスと検査 ……… 23
1.4 半導体集積回路 ……… 36

第2章 半導体の品質保証 Quality Assurance

2.1 品質保証 ……… 46
2.2 信頼性基礎技術 ……… 49
2.3 品質管理手法 ……… 55
2.4 故障メカニズム ……… 65
2.5 信頼性試験 ……… 77
2.6 設計での品質考慮 ……… 81

第3章 半導体製品の分類 Product Classification

3.1 デバイスタイプ ……… 86
3.2 ロジックデバイス ……… 90
3.3 メモリデバイス ……… 95
3.4 RF デバイス ……… 116

3.5　インタフェース・デバイス ……… 126
3.6　イメージャ ……… 136
3.7　A/D、D/A変換デバイス ……… 143
3.8　SoCデバイス ……… 156
3.9　2.5D/3Dデバイス ……… 162
3.10　パワーデバイス ……… 167

第4章　半導体の試験項目　Test Items

4.1　半導体試験装置によるデバイス試験の概要 ……… 180
4.2　ファンクション試験 ……… 194
4.3　DC試験 ……… 216
4.4　ACパラメトリック試験 ……… 225
4.5　その他の試験項目 ……… 231
4.6　メモリデバイスの試験項目 ……… 235
4.7　RFデバイスの試験項目 ……… 240
4.8　インタフェースデバイスの試験項目 ……… 243
4.9　イメージャの試験項目 ……… 246
4.10　A/D、D/A変換デバイスの試験項目 ……… 248
4.11　2.5D/3Dデバイスの試験項目 ……… 254
4.12　大規模SoCの試験 ……… 256

付 録

- 参考文献 ……… 260
- 執筆者一覧 ……… 262
- 索 引 ……… 267

半導体の試験について

Preface
Semiconductor Test

半導体の市場動向
試験の重要性（製造不良、歩留まり）
設計製造コストとテストコスト

半導体は社会に深く浸透し、様々な機器やシステムの部品として多く使用されています。携帯電話、家電、コンピュータ、自動車、産業用機器等、様々な製品が半導体を応用して作られる半導体デバイスを使っており、半導体デバイスを含む製品を使用することなく生活を送ることは、現代社会ではまず不可能です。近年でも、人工知能やIoTなど、半導体を基盤とする新しい技術が原動力となって世の中を変えていこうとしており、半導体デバイスを活用する場は今も増え続けています。WSTS (World Semiconductor Trade Statistics、世界半導体市場統計) によると、図-1に示すように、半導体出荷額は2018年に約4500億ドルになり、その後も一時的にマイナスになることはあっても、中長期的には市場が拡大していくと予想されています。

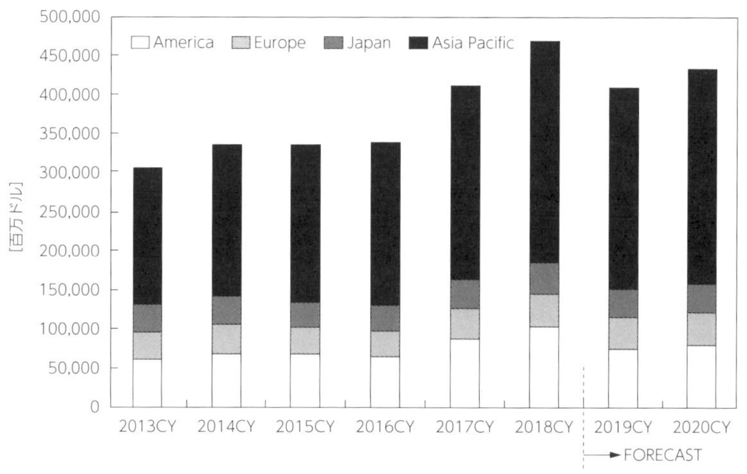

図-1　世界地域別市場予測

(出典：WSTS「2019年秋季半導体市場予測について」プレスリリース資料)

半導体デバイスを使った製品やシステムが世の中にあふれている一方で、日常生活の中で半導体デバイスの使用を意識することはほとんどありません。それは、半導体デバイスは製品やシステムを構成する部品であることがその一因ですが、半導体デバイスは故障なく常に正しく動作していることが当たり前のように思われており、実際に、鉄道、自動車、銀行ATM等、障害が発生すれば人の生命・財産に多大な影響を及ぼす機器やシステムにも多く使われています。このような高い信頼度が求められる機器・システムでは、使用される半導体デバイスにも極めて高い信頼性が求められます。

今日の半導体デバイスは、製造技術の発展により、多くの半導体素子を搭載する大規模化や複雑な機能の実現を可能にしています。そのため、設計や製造の開発工程は、複雑化するとともに高度に自動化されています。また半導体デバイスは塵や埃を嫌うため、クリーンルームの中で複雑な工程を経て製造されます。製造された半導体デバイスは必ずしも良品ばかりでなく、製造不良を伴ったものも含まれます。製造したデバイス数に対する良品デバイス数の割合、つまり、良品比率を歩留まり（yield）と呼びます。製造不良を含む半導体デバイスは、システムや機器に組み込まれる前に識別しなければ、システムや機器の信頼性や機能を保つことができません。そのため、製造した半導体デバイスの電気的特性や機能を確認する試験（テスト、test）により、良品と不良品を識別する必要があります。試験において、不良品を良品と間違って判断することはテストの見逃し（test escape）となりますが、逆に良品を不良品と間違って判断する過剰なテスト（over-kill）も、デバイスの単価向上をもたらすため、避けなければなりません。

半導体デバイスのコストには、設計に関わるコスト、製造に関わるコスト、試験に関わるコスト（テストコスト）があります。デバイスの微細化が進み、デバイスを構成する半導体素子の集積度が上がると、デバイス上の素子は同時に製造されるため、素子１つ当たりの製造コストは低減します。一方で、テストコストについては、集積度が上がり素子数が増加しても異なる素子を同時にテストすることは難しいため、デバイスのテストコストを決める主要因であるテスト時間が増加し、素子１つ当たりのテストコストは製造コストのようには低減しません。また、同一設計のデバイスの生産量が増えてくると、デバイス１つ当たりの設計コストは低減しますが、デバイス１つ当たりのテスト時間は変わらないため、テストコストは設計コストのようには低減しません。

半導体デバイスには、メモリ、ロジック、アナログなど複数のデバイスタイプがあります。デバイスタイプごとに、異なる構造や特徴を持っているため、設計・製造・試験の内容もデバイスによって異なってきます。中でも、半導体試験を効果的に行うには、試験対象となるデバイスタイプを理解し、どのような項目で試験するか、それぞれの試験項目で何が行われ、何を確かめることができるかを把握しておく必要があります。試験項目の不足があると、テストの見逃しの原因となり、また、不要な試験が含まれると、テストコストの増大を招くことになります。

以上で述べたように、複雑な工程で製造される半導体デバイスには様々なタイプがあります。また、半導体製造における微細化技術の進歩は、デバイスの大規模化や高機能化をもたらし、情報化社会の基盤を支えると同時に半導体の利活用を促進し、新しい技術をもたらしてきました。半導体デバイスに牽引された人工知能やIoT等の新技術は、逆に複雑な工程を有する半導体デバイスの設計や製造にも活用され始めています。そうした中で、半導体の試験は正確かつ迅速に行われる必要があり、製造工程の中で重要な役割を果たしています。本テキストは、現在半導体関連の職種で働いている人が知っている内容、または、これから半導体関連の職種で働こうとする人が知っていてほしい半導体デバイスに関する基礎的内容をまとめたものです。入門のレベルとして、半導体の基礎的な物性やデバイス構造から、デバイスタイプ、デバイスごとの半導体試験の概要、および半導体の品質保証に関する内容を含んでいます。

半導体の基礎

Chapter 1
Fundamentals

1.1　半導体物性
1.2　トランジスタの構造と動作原理
1.3　デバイス製造プロセスと検査
1.4　半導体集積回路

1.1 半導体物性

今日の集積回路（Integrated Circuit：IC）や、大規模集積回路（Large Scale IC, Large Scale Integration：LSI）は、トランジスタや抵抗、容量等の電子素子が1つの半導体基板上に集積化されたものです。本節では半導体材料の基礎、およびシリコン単結晶、不純物半導体や、PN接合について説明します。

1.1.1　半導体材料

固体材料は、図1-1に示すように、抵抗率（単位：Ω・m）により、導体・半導体・絶縁体に分類できます。抵抗率が10^{-4}［Ω・m］から10^{7}［Ω・m］の範囲にあるものを半導体と呼び、それよりも抵抗率が低いものを導体（主として金属）、抵抗率が高いものを絶縁体と呼びます。物質によって抵抗率の違いが生じるのは、移動できる電荷の量が異なるためです。代表的な半導体の材料としては、シリコン（Si）、ゲルマニウム（Ge）、ガリウムヒ素（GaAs）等があります。その中で特にシリコンは、天然資源として豊富に存在し、熱安定性が高く、純度が極めて高い単結晶を生成することができます。さらに、単結晶シリコン中に不純物を導入することで、N型およびP型の不純物半導体を作製できます。また、酸化することで非常に良質な絶縁体（SiO_2）となります。このような特徴から、シリコンが半導体材料の中心として利用され続けています。

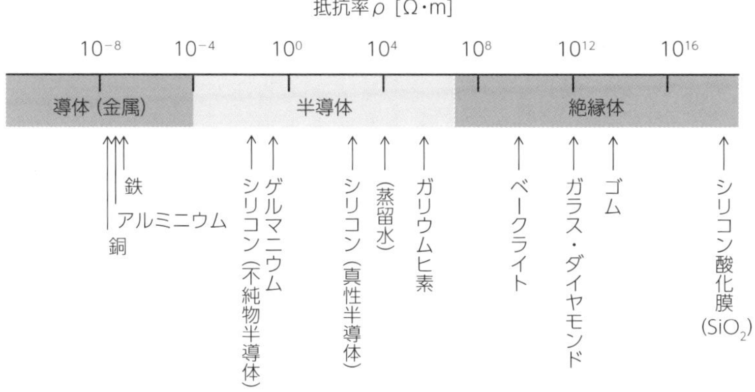

図1-1　導体・半導体・絶縁体の分類

1.1.2　シリコン単結晶

シリコンは、原子核の周りの軌道に14個の電子を持つⅣ族の元素です。図1-2 (a) に示すように、その最外殻の軌道には4個の電子が存在します。シリコン単結晶においては、図1-2 (b) に示すように、各々のシリコン原子が、炭素によるダイヤモンドと同様に、周囲の4個のシリコン原子と共有結合しており、非常に安定な単結晶を構成しています。このようにシリコン原子のみで構成され、不純物を含まない純粋な半導体単結晶を真性半導体と呼びます。

真性半導体中では、電子はすべて価電子として原子に拘束されているため、電流は流れにくいのですが、真性半導体に熱あるいは光等、外部からエネルギーを与えると、マイナスの電荷を持った伝導電子が励起され、結晶中を移動可能となります。同時に、電子の抜けた穴は、プラスの電荷を持った正孔となり、電界によりこの伝導電子と正孔が移動することで、電気伝導を行います。これらの電気伝導の担い手である電子、正孔をキャリアと呼びます。真性半導体中のキャリアの数は導体に比べて著しく少ないため、真性半導体の抵抗率は導体よりも高くなります。一方、真性半導体は、熱や光あるいは力等が加えられることで抵抗率が変化するため、温度や光、加速度のセンサとしても利用することができます。

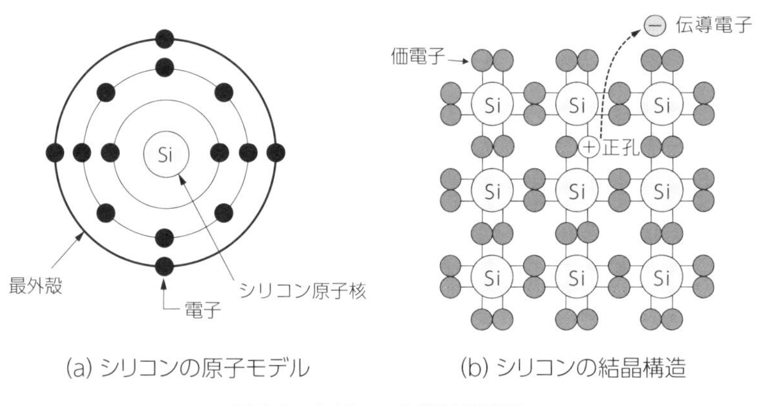

図1-2　シリコンの単結晶構造

1.1.3　不純物半導体

シリコン単結晶に不純物を導入すると、図1-3に示すようなN型半導体、P型半導体と呼ばれる不純物半導体を作ることができます。

(1) N型半導体

シリコン単結晶に、V族の元素であるリン (P) やヒ素 (As) を添加します。リンやヒ素の原子は、最外殻に5個の価電子を持ちます。これらの元素がシリコン単結晶中に導入され、周囲のシリコン原子と結合すると、図1-3 (a) に示すように、電子が1個余ります。この電子が伝導電子（キャリア）となり、この伝導電子は半導体中を自由に移動できるため、抵抗率が大きく下がります。このような半導体を電子の電荷がマイナスであることからN (Negative) 型半導体と呼びます。

(2) P型半導体

シリコン単結晶に、Ⅲ族の元素のボロン (B) を添加します。ボロン原子は、最外殻に3個の価電子を持っており、周囲のシリコン原子と結合すると、電子が1個不足します。そのため、周囲のシリコン原子から電子を取り込み、その結果、電子が抜けた場所に正孔が発生します。P型半導体に電界がかかると、周囲から電子が移動して正孔と結合し、電子が抜けた場所に新たに正孔が発生することから、等価的に正孔が正の電荷を持つキャリアとして移動するため、抵抗率が大きく下がります。このような半導体をP (Positive) 型半導体と呼びます。

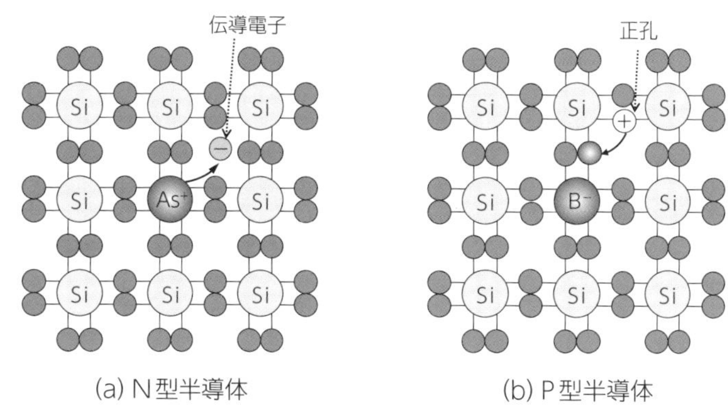

図1-3　不純物半導体の結晶構造

1.1.4 PN接合

P型半導体とN型半導体が、結晶状態を維持したまま接続されたものをPN接合と呼びます。図1-4 (a) に示すように、PN接合を持つ半導体単結晶においては、P型半導体とN型半導体の間を境界として、P型半導体領域とN型半導体領域があります。それぞれP型半導体領域には正孔が、N型領域には電子が充満しています。このPN接合はダイオードと呼ばれる半導体素子となります。

ダイオードの重要な機能として、電流を一方向にしか流さない整流作用があります。図1-4 (b) に示すように、P型半導体領域への接続端子に正の電位、N型半導体領域への接続端子に負の電位を与えると、PN接合は順バイアス状態となり、プラスの電位からはP型半導体領域中へ正孔が供給され、マイナスの電位からはN型半導体領域中へ電子が供給されます。正孔と電子はPN接合付近へ移動し、そこで正孔ー電子間での再結合を起こし、正孔ー電子対は消滅します。これを繰り返すことにより、PN接合の順バイアス状態では連続的に電流が流れます。

一方、図1-4 (c) に示すように、P型半導体領域への接続端子に負の電位、N型半導体領域への接続端子に正の電位を与えると、PN接合は逆バイアス状態となり、電界によりP型半導体領域中の正孔はマイナス端子側へ移動し、N型半導体領域中の電子はプラス端子側へ移動します。その結果、PN接合の境界付近には、空乏層と呼ばれる正孔と電子が出払った領域ができてしまいます。逆バイアス状態では、電界をかけても空乏層領域の幅が増減するだけで、PN接合を通して電流は流れません。

図1-5にダイオードの電流—電圧特性を示します。順方向バイアスの状態で電流が流れ始める電圧を順方向電圧降下 (V_F) と呼びます。逆バイアス状態では電流はほとんど流れませんが、ある電圧 (ブレークダウン電圧：V_B) を超えると、突然大電流 (ブレークダウン電流) が流れてしまいます。

PN接合をさらに発展させ、薄いP型半導体領域をN型半導体領域で挟んだNPN構造 (あるいは薄いN型半導体領域をP型半導体領域で挟んだPNP構造) にすることで、電流増幅が可能なバイポーラトランジスタを形成することができます。バイポーラトランジスタは電流駆動能力が高いという特徴がありますが、後述するMOSトランジスタのようなスケーリング則が成立せず、集積度を上げると消費電力が増大するため、今日では、CMOS論理回路と組み合わせ、その駆動回路部分にバイポーラトランジスタを用いるBiCMOS回路や、アナログ回路の一部の用途に限って用いられています。

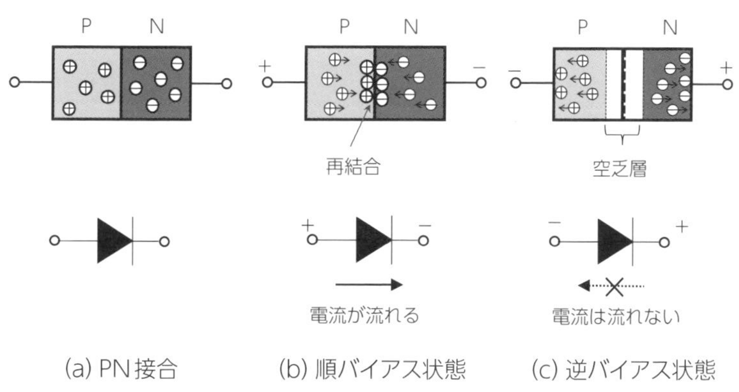

図1-4　PN接合と整流 (ダイオード) 動作

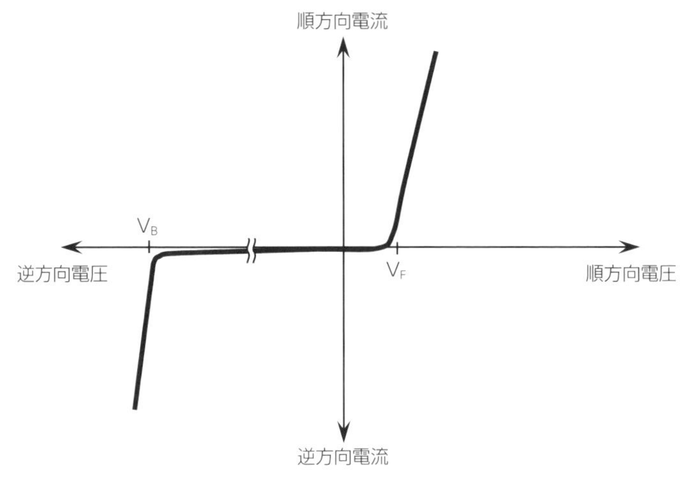

図1-5　ダイオードの電流ー電圧特性

1.2 トランジスタの構造と動作原理

この節では、今日の大規模集積回路（LSI）を構成する主要な半導体素子であるMOSトランジスタの構造とその動作原理について説明します。

1.2.1　MOSキャパシタ構造

PN接合と同様に、半導体素子を構成する重要な構造としてMOS構造があります。これは金属と半導体で、絶縁体を挟んだ構造です。絶縁体としては、シリコン酸化膜が利用されるのが一般的であることから、MOS（Metal-Oxide-Semiconductor）構造と呼びます。

Nチャネル MOS (NMOS) トランジスタのゲート構造に利用されるP型半導体を用いたMOS構造を図1-6に示します。絶縁体を中心に見れば、ちょうど下部電極が半導体になった容量素子と同様な構造で、MOSキャパシタ構造ともいわれます。このMOS構造の重要な動作は、金属電極 (ゲート) と半導体の間に電圧をかけることで、絶縁膜に面した半導体表面部分に強制的に少数キャリアが蓄積した層 (反転層) が誘起されることです。

図1-6 (b) に示すように、P型半導体を用いたMOS構造の場合、ゲート電極に正の電圧を加えると、酸化膜を挟んでゲート電極側にプラスの電荷が蓄積します。一方、P型半導体内では、正孔が基板端子側へ移動して空乏層が伸びます。さらにゲート電圧がある電圧を超えると、酸化膜に面した半導体の表面付近に、電子が蓄積された層 (反転層) が生成され始めます。この反転層が形成され始める電圧値をしきい値電圧 (Threshold Voltage) と呼びます。

このしきい値電圧 (V_t) は、MOS構造において最も重要なパラメータです。P型半導体によるMOS構造なら、ゲートと基板間に正の電圧を印加し電子からなる反転層を、N型半導体によるMOS構造なら、ゲートと基板間に負の電圧を印加して正孔からなる反転層を、それぞれ生成することができます。

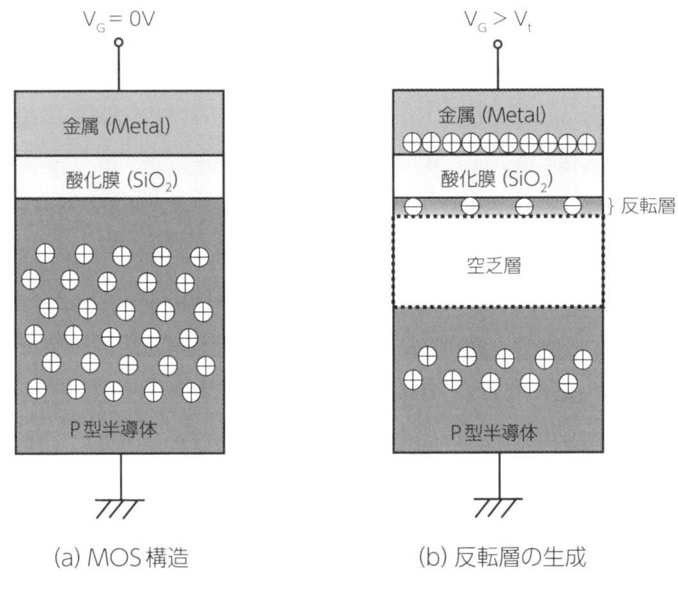

図1-6　P型半導体によるMOS構造と、電界による反転層の生成

1.2.2　MOSトランジスタの構造

大規模集積回路に用いられるトランジスタは、MOS構造とPN接合を組み合わせた、MOS FET (Metal-Oxide-Semiconductor Field-Effect-Transistor) です。一般にはモス・トランジスタ、あるいはモス・エフ・イー・ティーあるいはモス・フェットと呼ばれます。

Nチャネル MOS (NMOS) トランジスタの構造を図1-7に示します。MOSトランジスタは、MOSキャパシタ構造の半導体部分の左右に、逆極性の不純物半導体領域 (ソース (Source) およびドレイン (Drain) 領域) を設けたものです。図1-7のNチャネルMOS (NMOS) トランジスタの場合では、P型半導体基板上に、酸化膜を挟んで金属ゲート電極を設け、さらにそのゲートの両側にN型半導体領域を設けた構造になっています。

このMOSトランジスタの構造の中で、ゲート電極の構造で決まるソース・ドレイン間の距離をゲート長 (Gate Length) と呼び、一般的にはLと表記します。また、ソース・ドレインの長さをゲート幅 (Gate Width) と呼び、一般的にはWと表記します。LとWはMOSトランジスタの設計寸法であり、MOSトランジスタの電流はW/Lに比例します。MOSトランジスタ単体の電流値を増加させることは、LSIの性能向上に直結するため、ゲート長：Lは、MOSトランジスタの性能を決める最も重要なパラメータであり、製造技術的に許容される最小の設計寸法が使用される部分になります。

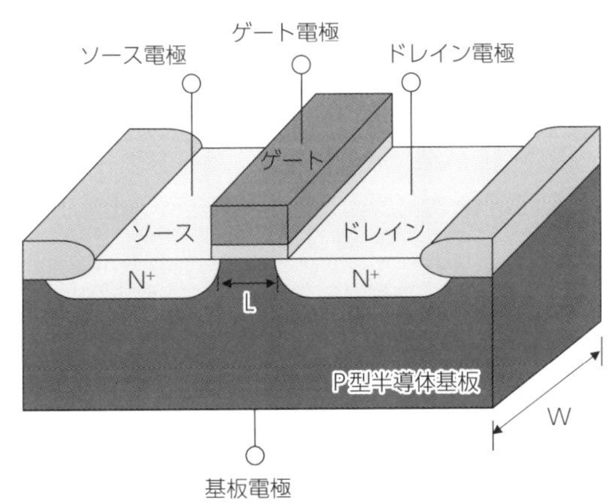

図1-7　NチャネルMOS (NMOS) トランジスタの構造

1.2.3 MOSトランジスタの動作原理

図1-8 (a) に、NチャネルMOS (NMOS) トランジスタの断面を示します。P型半導体基板上に2つのN型半導体領域であるソースとドレインが設けられ、ソースとドレイン間はNPNの構造になっています。そのためソース・ドレイン間に電圧をどちらが正となる方向にかけても、NPNの構造においては必ず逆バイアスとなるPN接合が存在するために、ソース・ドレイン間で電子の移動は起こりません。よって、ソース・ドレイン間に電流は流れず、MOSトランジスタはオフ状態になります。

一方、図1-8 (b) のように、ゲート・ソース間にしきい値電圧以上の電圧を印加すると、MOSキャパシタ構造によって、ゲート直下のP型半導体の表面にチャネル (Channel) と呼ばれる電子からなる反転層が生成されます。このチャネルは電子が充満しており、擬似的にN型半導体とみなすことができるため、2つのN型半導体領域のソースとドレインが、P型半導体中に生成されたチャネルにより接続され、MOSトランジスタはオン状態になります。このとき、ソース・ドレイン間に電圧がかかっていれば、ソースからドレインへ電子が移動するため、ドレインからソースに向かってドレイン電流が流れることになります。ドレイン電流の量は、ゲート電圧によって誘起されるチャネルの厚みや、ソース・ドレイン間にかかる電界によって変化します。

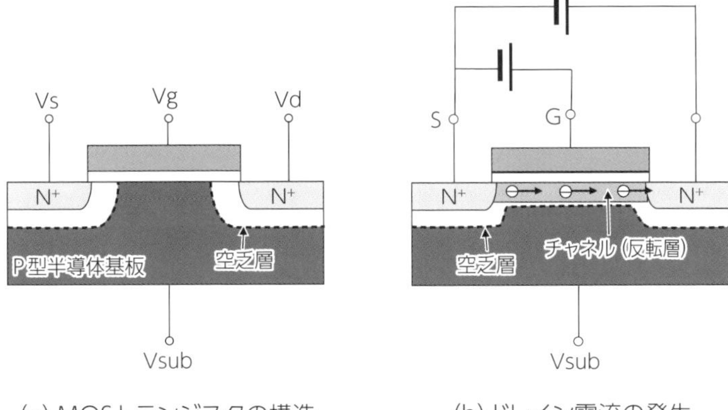

(a) MOSトランジスタの構造　　(b) ドレイン電流の発生

図1-8　NチャネルMOS (NMOS) トランジスタの動作原理

1.2.4　MOSトランジスタの基本特性

図1-9 (a) に示すNチャネルMOS (NMOS) トランジスタにおいて、ソース端子と基板端子をグランドレベルに固定し、ゲート端子とドレイン端子に、それぞれゲート電圧 (V_G)、ドレイン電圧 (V_D) を印加した場合のドレイン電流特性を同図 (b) に示します。ドレイン電流はゲート電圧 に大きく依存して増加します。また、ドレイン電流は、ドレイン電圧がゲート電圧より小さい領域では、ドレイン電圧の増大とともに増加します (線形領域)。一方、ドレイン電圧がゲート電圧より大きくなると、ドレイン電流は飽和します (飽和領域)。

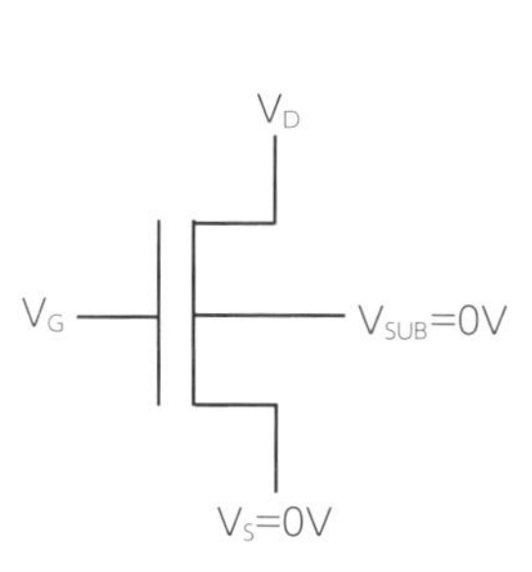

(a) NチャネルMOS(NMOS)
トランジスタの回路記号

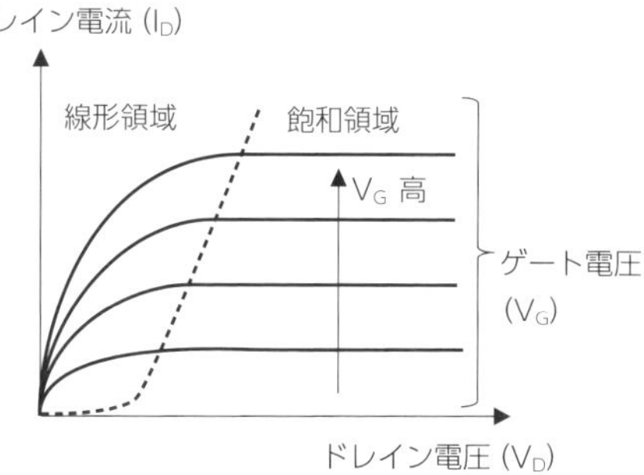

(b) ドレイン電流特性

図1-9　MOSトランジスタの動作特性

1.2.5　NチャネルMOS (NMOS) トランジスタとPチャネルMOS (PMOS) トランジスタ

図1-10に、MOSトランジスタの断面構造と、回路図における表記法を示します。同図 (a) に示すNチャネルMOS (NMOS) トランジスタは、P型半導体基板上にN型半導体領域のソース・ドレイン領域を持っています。ソース・ドレイン領域を示す図面内の記号にN^+とプラス記号がついているのは、不純物濃度が比較的高い領域であることを示しています。PチャネルMOS (PMOS) トランジスタは、同図 (b) に示されるように、NチャネルMOS (NMOS) トランジスタに対してソース・ドレインと基板のN型半導体領域とP型半導体領域が入れ替わった構造になっています。MOSトランジスタの回路記号として用いられるものを同図中に示します。MOSトランジスタは、ゲート (G)、ドレイン (D)、ソース (S)、

基板(SUB)の4つの端子を持つ4端子素子ですが、CMOSデジタル回路で利用される場合は、基板電位は、NチャネルMOS(NMOS)トランジスタではグランドレベルに、PチャネルMOS(PMOS)トランジスタでは電源レベルに固定接続されるため、回路図中では、基板(SUB)端子を省略して、G、D、Sの3端子デバイスとして表記する場合も多くあります。

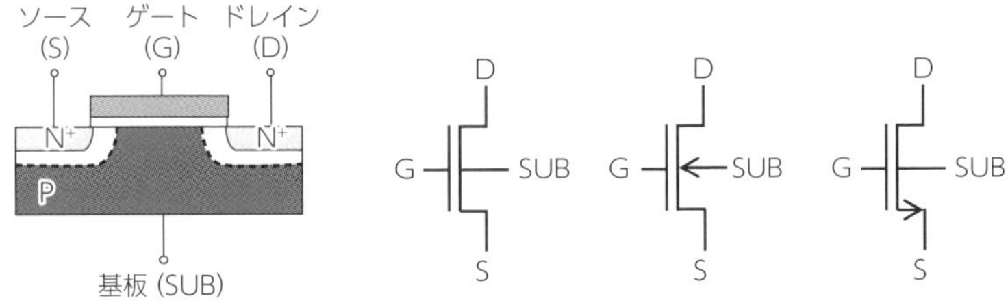

(a) NチャネルMOS (NMOS)トランジスタ

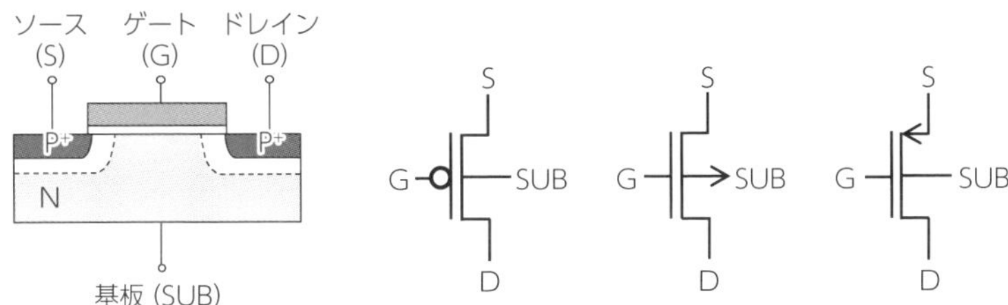

(b) PチャネルMOS (PMOS)トランジスタ

図1-10　MOSトランジスタの表記方法

1.2.6　FinFET

このあとの「1.4.2　スケーリング則」でも述べるように、MOSトランジスタは微細化によって性能向上が実現できますがそれにも限界があります。その課題を解決するために、FinFETと呼ばれる新しい構造のMOSトランジスタが開発されています。

従来のMOSトランジスタ（平面型MOSトランジスタ）では、1.2.2で述べたように、ゲートとシリコン基板が酸化膜を挟んで1面だけで接しています（図1-7）。これに対してFinFETでは図1-11に示すように、シリコン基板の形状を工夫して、薄く立てたFin（魚のひれ）と呼ばれる形を持たせ、それぞれのFinを3方向から包む構造をしています。これにより、ゲート電圧によるオン・オフの制御がより容易になり、オフ状態でのリーク電流を抑え、オン状態でのドレイン電流を増加させることができるので、平面型MOSトランジスタよりさらに微細化ができます。

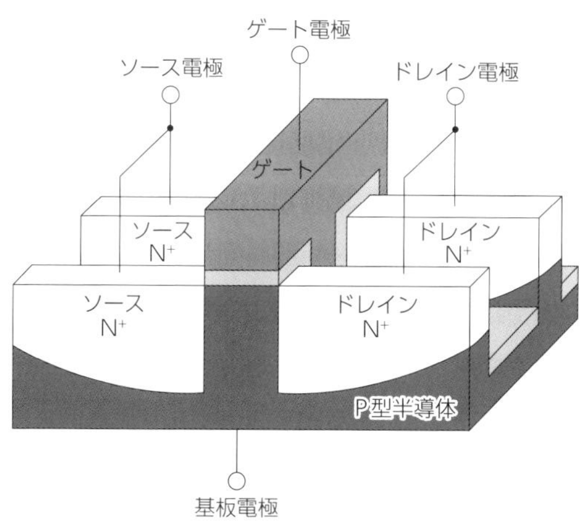

図1-11　FinFETの構造

1.3 デバイス製造プロセスと検査

この節では、シリコンの単結晶作製から、デバイスがパッケージ化され、出荷されるまでの製造工程を示します。製造工程を大別すると、前工程と後工程に分けることができます。製造工程においては、数回の検査工程があり、前工程において、ウェーハ上のデバイスを検査する工程をウェーハテストと呼び、後工程によりパッケージ化されたデバイスを検査する工程をパッケージテストと呼びます。

1.3.1 前工程（ウェーハ処理）

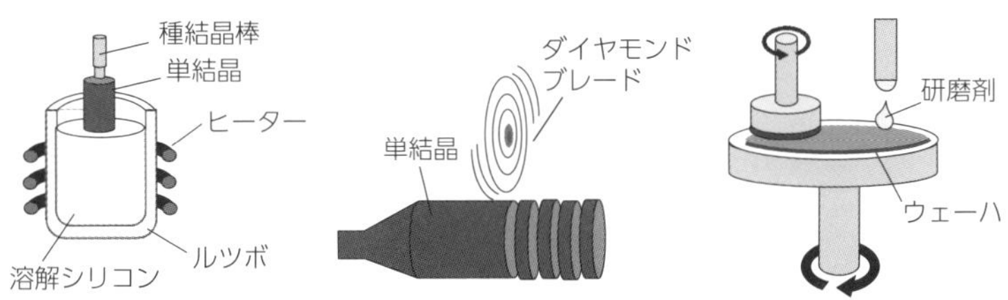

図1-12　ウェーハの製造工程

前工程は、ウェーハ処理あるいは拡散工程とも呼ばれ、シリコン原石から単結晶シリコンを作製し、最終的にシリコンウェーハ上にデバイスを作り込み、そのデバイスを検査するまでの工程です。図1-12にウェーハの製造工程を示します。

多結晶シリコンを1500℃程度の高温で石英ルツボの中で溶解させ、種結晶棒を回転させながら徐々に引き上げることで、高純度のシリコン単結晶棒にインゴットを成長させます（同図（a））。次に、インゴットの上下端を切り落としたのち、ダイヤモンドブレードで1mm程度の厚さに切断します（同図（b））。インゴットから薄く切り出した円盤をウェーハと呼びます。現在では、直径300mmのウェーハがLSI製造に使われますが、今後は直径450mmのウェーハの利用が計画されています。インゴットは非常に硬いため、特殊なダイヤモンドブレードを使って切断します。さらに、ウェーハの表面を鏡面状に研磨・洗浄して仕上げます（同図（c））。

ウェーハ処理では、複数枚（25枚等）のウェーハをまとめて処理の単位とし、これをロットと呼びます。同一ロット内のウェーハは、同一の装置で同時に（あるいは同時期に）処理されるため、特性はほぼ同様となります。

① **熱酸化工程（図1-13（a））**

ウェーハ上へ回路パターンを形成する手順においては、高温の拡散炉（900℃から1100℃程度）にウェーハを挿入し、酸素または水蒸気をシリコン表面において反応させることで、ウェーハ表面に酸化膜を成長させます。また、同様な構造の装置で原料ガスを導入することで、ウェーハ上に絶縁膜やポリシリコン膜を堆積可能です。これを化学気相成長（Chemical Vapor Deposition）と呼びます。

② **フォトレジスト塗布工程（図1-13（b））**

回路パターンの形成手順では、フォトリソグラフィーと呼ばれる手法が用いられます。まずフォトレジストという感光性樹脂をウェーハ上に滴下し、ウェーハを高速回転させることで、極めて薄く均一に塗布します。

③　光学露光（図1-13（c））

フォトレジストが塗布されたウェーハにフォトマスクを通して紫外線を照射し、回路図パターンをウェーハ上へ縮小転写します。ウェーハとマスクの位置を合わせ、マスクの上から紫外線を照射し縮小投影露光します。これを、ウェーハ上の全デバイスについて、ウェーハとマスクの位置を合わせて繰り返します。このような処理を自動で行う光学露光装置をステッパと呼びます。ポジ型のフォトレジストを用いた場合、フォトマスクにより、紫外線が照射された部分のフォトレジストが現像液に溶ける構造に化学的変化を起こします。現像後は、ウェーハ表面にマスクパターン通りにフォトレジストのパターンが残ります。

④　エッチング（図1-13（d））

エッチングは、レジストパターンをマスクにして、部分的に酸化膜や窒化膜、金属膜等を物理的または化学的に除去する工程です。エッチング液を用いるものをウェットエッチング、反応性ガスやイオンによるものをドライエッチングと呼びます。微細なパターン形成が要求される部分にはドライエッチングが用いられます。

⑤　イオン注入（図1-13（e））

ウェーハ上へN型半導体領域、P型半導体領域を作製するために、レジストパターンを作製し、それをマスクにして不純物イオンの注入を行います。まず、イオン源により生成された不純物イオンを質量分析磁石により選択します。加速管内で電界により加速し、走査電極によりイオンビームを偏向させて、ウェーハに均一に不純物を打ち込みます。イオン注入技術は、不純物イオンの注入量であるドーズ量や打ち込みの深さを制御しやすく、不純物導入（ドーピング）の主要技術です。

⑥　CMP（図1-13（f））

CMPは、化学機械研磨（Chemical Mechanical Polishing）技術であり、ウェーハ表面に研磨剤を用いた機械的な研磨を行うことで、パターン形成により生じたウェーハ上の凸凹を平坦化する技術です。多層配線が多用されるようになった近年のデバイスには必須の技術です。

⑦　スパッタリング（図1-13（g））

ウェーハの表面に電極配線用のアルミ金属膜を作製する工程です。不活性ガスプラズマにより、イオン化した不活性ガスイオンをアルミターゲットへ衝突させ、ターゲット物質を叩き出し、ウェーハ表面に電極配線用のアルミ金属膜を形成します。これをスパッタリングと呼びます。

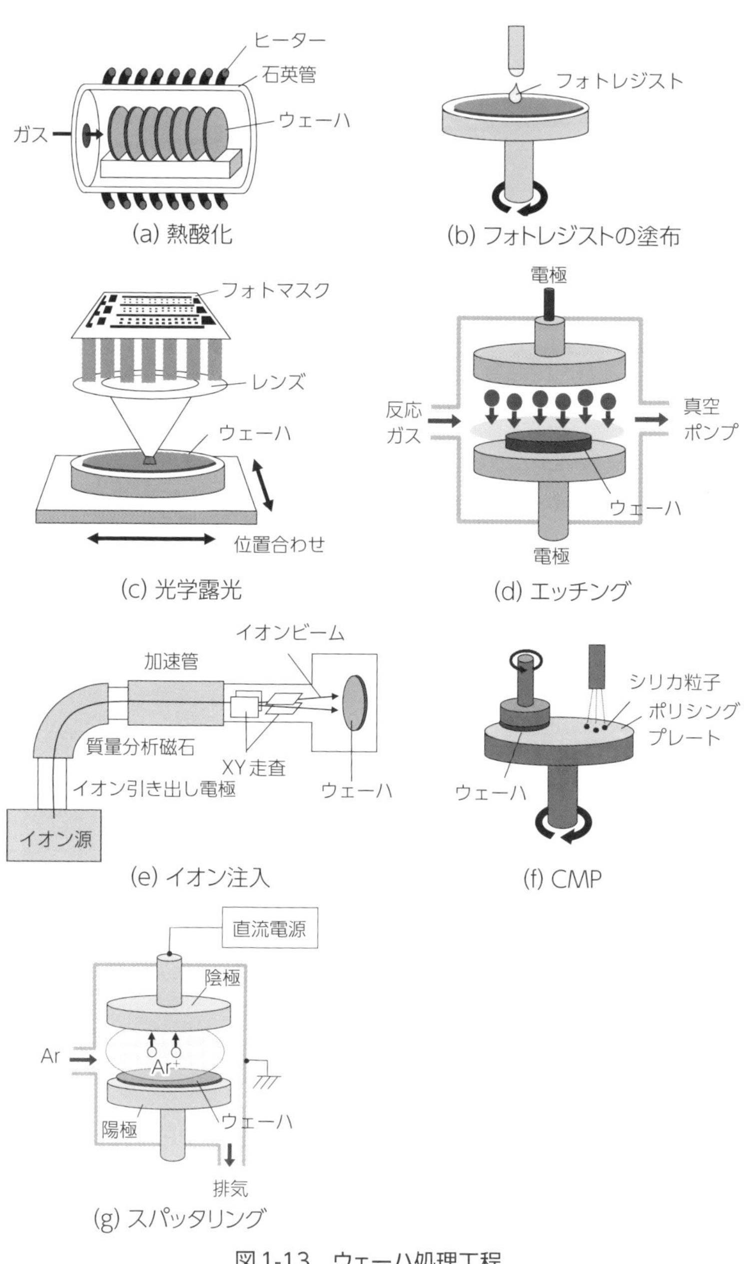

図 1-13　ウェーハ処理工程

図1-14に、これらの工程を組み合わせてNチャネルMOS(NMOS) トランジスタをシリコンウェーハ上に形成する例を示します。

まず、P型半導体基板において、トランジスタとなる領域以外のシリコン表面に素子分離用の酸化膜を作製します (同図 (a))。次に、熱酸化により薄いゲート酸化膜を成長させ、CVDによりゲートとなるポリシリコンを堆積させます。その後、光学露光により、ゲートのレジストパターンを形成し、ドライエッチングにより、ゲートを形成します (同図 (b))。

さらにトランジスタ領域のみにレジストパターンを設け、レジストパターンとゲート自身をマスクにしてイオン注入を行い、ゲートの両側にソース・ドレイン領域となるN型半導体領域を作製します (同図 (c))。さらに、層間絶縁膜をCVDにより堆積し、レジストパターンにより、ゲート、ソース、ドレインの各電極を引き出すためのパターンを形成し、エッチングによりコンタクトホールを開孔します (同図 (d))。電極材料として、スパッタリングによりアルミ金属膜を堆積させ、レジストパターンにより配線層を形成します (同図 (e))。

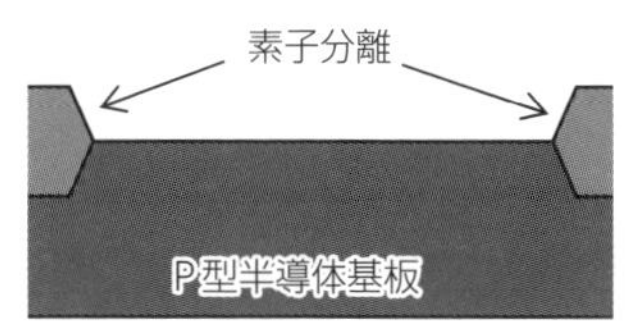

(a) 素子分離

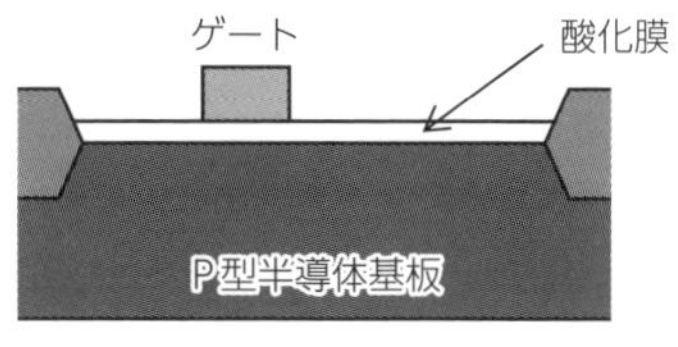

(b) ゲート形成

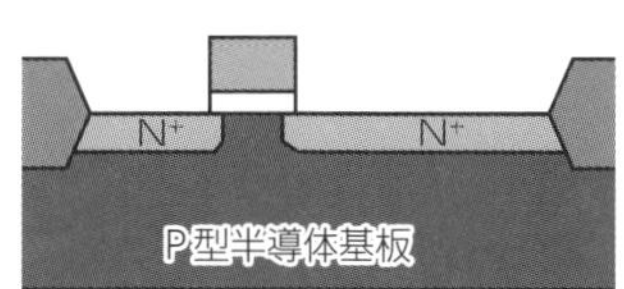

(c) ソース・ドレイン形成

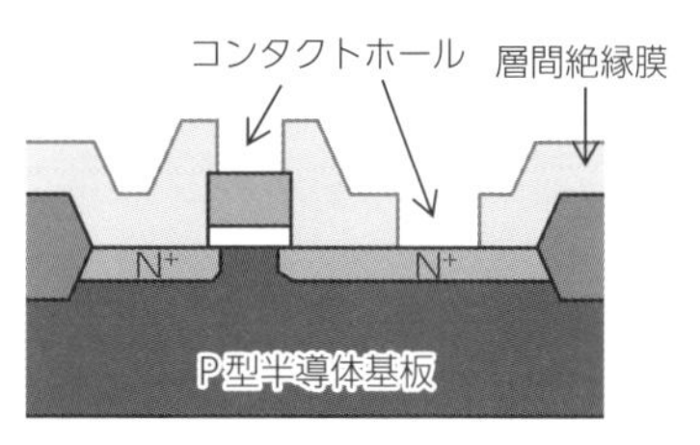

(d) コンタクトホール開孔

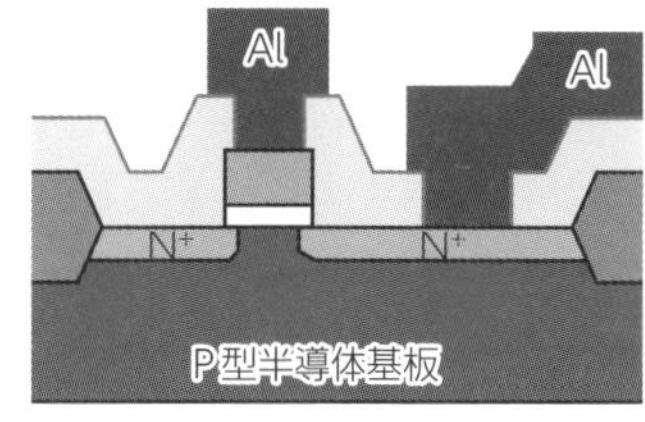

(e) 配線層形成

図1-14　前工程におけるNチャネルMOS (NMOS) トランジスタの形成例

1.3.2　後工程

後工程は、ウェーハ上のデバイスを切り取り、パッケージ化し、完成したデバイスを検査するまでの工程です。

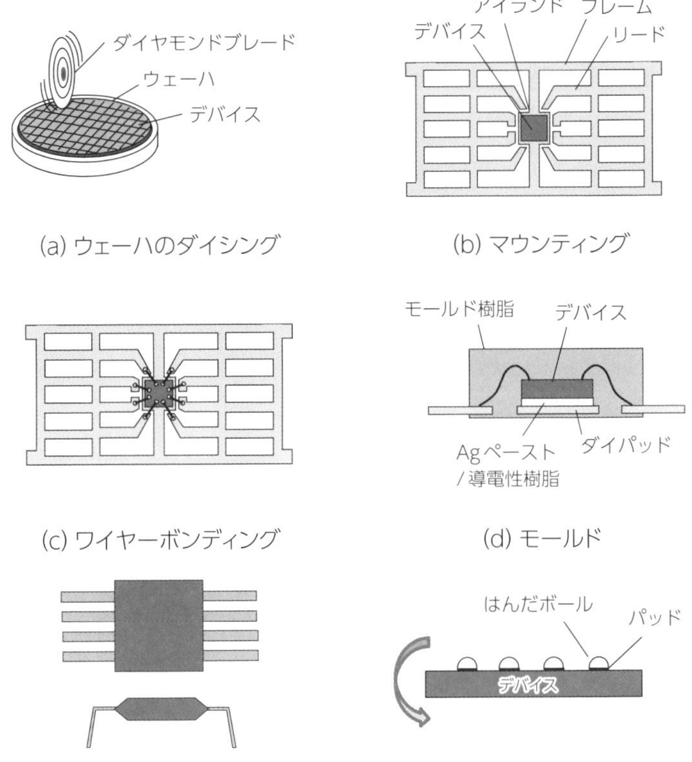

図1-15　後工程

① ウェーハのダイシング (図1-15 (a))

ウェーハ上のデバイスを、ダイヤモンドブレードを用いて、個々のデバイス (ダイ、ペレットとも呼ばれる) に切り離します。この工程をダイシングと呼びます。

② マウンティング (図1-15 (b))

ウェーハテストにより良品と判別されたデバイスを選択し、リードフレームと呼ばれる基板へ接続する工程をマウンティングと呼びます。リードフレーム上には、デバイスを搭載するアイランドと、デバイスの電極と接続されるリード部分があります。アイランドの上に導電性の銀ペースト樹脂を載せ、デバイスを接着します。

③ ワイヤーボンディング (図1-15 (c))

マウントされたデバイスとリードフレームを金細線により電気的に結線します。自動ボンディング装置は、あらかじめ入力された、リードフレーム上のリードの位置と、デバイス周辺部にある電極 (ボンディングパッド) の位置の情報により自動的に結線を行います。

④ モールド (図1-15 (d))

ゴミや水分、衝撃などからデバイスを守るため、デバイスを高温で液状化した樹脂により封入 (パッケージ) して保護します。

⑤ トリム&フォーム (図1-15 (e))

パッケージ化された個々のデバイスをリードフレームから切り離し、リードを所定の形状に成形します。

⑥ フリップチップ (図1-15 (f))

ワイヤーボンディングとリードフレームを用いない方式として、フリップチップがあります。デバイスの最上位配線層のボンディングパッドに、はんだボールによるバンプを付けておき、デバイスを裏返して基板や中継基板（インターポーザ、Interposer）に直接実装します。

1.3.3 パッケージタイプ

デバイス用のパッケージ形状は、デバイスとプリント基板との接続の仕方により、挿入実装タイプと表面実装タイプの２種類に大別されます。パッケージの種類により、デバイスからプリント基板に引き出されるリード（ピン、端子）の方向や形状が異なります。以下、代表的なパッケージ形状を示します。

(1) 挿入実装タイプ

プリント基板にリードを貫通させるように挿入するタイプのパッケージです。図1-16に代表的な挿入実装タイプのパッケージを示します。

SIP（Single In-line Package）やZIP（Zigzag In-line Package）、DIP（Dual In-line Package）のように、リードをパッケージ側面から取り出すものと、PGA（Pin Grid Array）のように下面から取り出すものがあります。側面から取り出すタイプは、ピン数を増加させることが難しいため、比較的小規模なICに利用されます。リードをパッケージ下面から取り出すタイプのパッケージには、ピンが剣山状に格子配置されるものがあり、数百ピン程度のI/Oピンが必要な論理LSI等に用いられます。

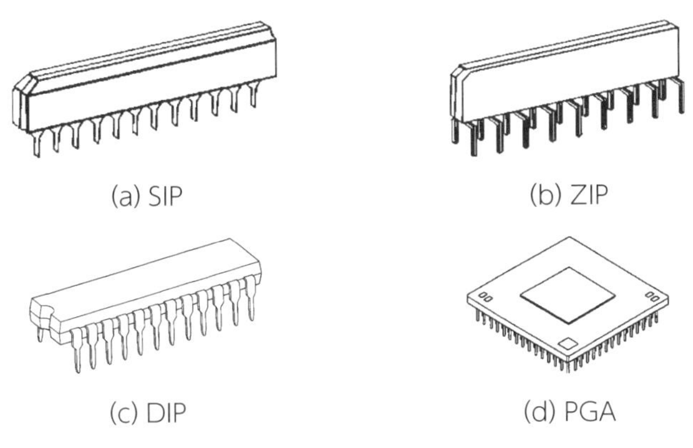

図1-16　挿入実装タイプ

(2) 表面実装タイプ

プリント基板の表面の電極パッドにリードを接触させ、固定するタイプのパッケージです。図1-17に代表的な表面実装タイプのパッケージを示します。

こちらも、SOP (Small Outline Package) やQFP (Quad Flat Package) のようにリードをパッケージ側面から取り出すタイプのパッケージと、BGA (Ball Grid Array) のように下面から格子状に配置して取り出すタイプのパッケージがあります。側面から取り出すタイプには、リードをガルウィング型に成形したものと、SOJ (Small Outline J-leaded Package) のようにチップの2辺から出たリードを内側に曲げJ字型に成形したもの、さらには、PLCC (Plastic Leaded Chip Carrier) のようにチップの4辺からリードを折り曲げJ字型に成形したものがあります。内側に曲げJ字型にすると、ガルウィング型にするよりリードが変形しにくく、実装面積が小さくできる利点があります。また、LCC (Leadless Chip Carrier)

のように底面の４辺に電極パッドを配置したものがあります。

リードをパッケージの下面から取り出すタイプには、はんだボールをリードに使ったBGAの他に、電極パッドを使ったLGA (Land Grid Array) と呼ばれるものがあります。パッケージ側面からリードを取り出すタイプに比べて、多数のピンを設けることができます。また、リード長が短く、インダクタンス成分が少ないため、高速LSIに適しています。内部構造は、リードフレームやインターポーザを用いてワイヤーボンディングを用いるものや、図1-18に示すようにフリップチップを用いてインターポーザへ接続するもの(フリップチップBGA)、パッケージ基板を用いずにチップ端子から再配線層を通じてはんだボールに接続するFOWLP (Fan Out Wafer Level Package) 等があります。特に、フリップチップBGAやFOWLPのように、半導体チップの大きさに近づけた超小型のパッケージをCSP (Chip Scale Package、Chip Size Package) と呼びます。

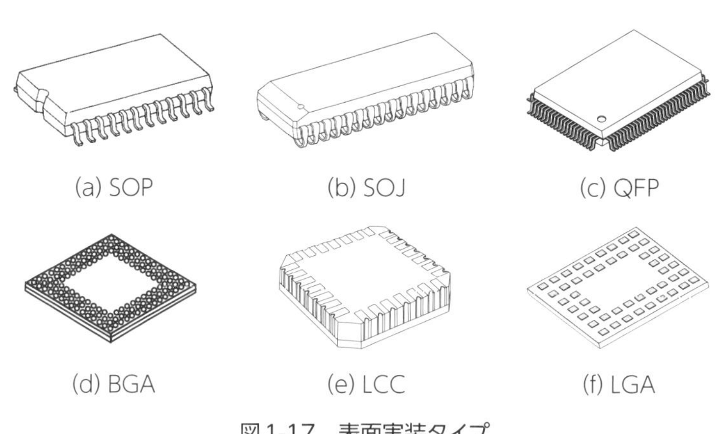

図1-17　表面実装タイプ

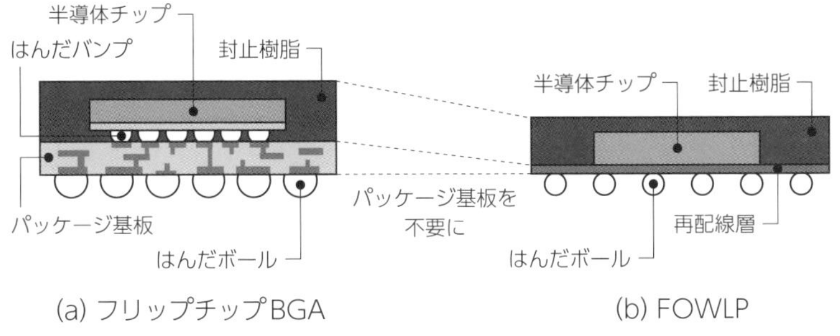

図1-18　フリップチップBGAとFOWLPの比較

(出典：日経エレクトロニクス2016年3月号「Emerging Tech デバイス」)

1.3.4　検査工程

検査工程は、前工程と後工程のそれぞれの最後に行われます。

デバイス製造の前工程において、最後に行うデバイス（チップまたはダイとも呼ばれる）の検査をウェーハテスト、またはウェーハプロービングテストと呼びます。

このテストでは、ウェーハ状態のデバイスに対してテスト信号を印加する必要があります。そのため、デバイスの各信号パッドや電源パッドの位置に対応する多数の針からなるプローブカードが装着されたウェーハプローバ装置が使用されます。この検査で不良と判断されたデバイスはマーキングされ、ダイシング後に選別・除去されます。

この検査は、デバイスの完成度を検査する目的とともに、不良品を後工程によりパッケージに組み立ててしまう無駄を省く目的があります。デバイスの高機能化に伴い、製造コストの低減への要求が厳しくなり、早期に不良品を発見することは非常に重要な課題となっています。

後工程で行うデバイスの検査をパッケージテストまたはファイナルテストと呼びます。この検査は、数多くの工程を経て完成したデバイスの最終検査となります。電気的、機械的仕様の検査と、初期不良を除くために温度電圧ストレスを加えてテストを行うバーンイン試験も行われます。後工程の自動試験装置としては、LSIテストシステムとダイナミックテストハンドラ（以降、ハンドラ）が使用されます。

ハンドラは、デバイスをトレイより移動（搬入）して、テスト部のテストソケットにデバイスを挿入し、測定後はテスト結果（良否判定）をテストシステムより受信し、良品と不良品に分けてトレイに移動（搬出）します。また、デバイスの温度を低温から高温まで設定する機能も有しています。

最終的に、パッケージテストをパスしたデバイスのみがパッケージ表面に刻印され、製品として出荷されます。

1.4 半導体集積回路

本節では、ロジックデバイスの設計工程の概略を説明し、MOSFETのスケーリング則、今日のデバイス集積化技術について取り上げます。

1.4.1 ロジックデバイスの設計工程

図1-19にSoCやASIC等のロジックデバイスの設計工程を示します。まず、開発する装置やシステムの仕様を決定し、それに使用するLSI（デバイス）の仕様を決定します。LSIの仕様に基づき、使用する製造技術（テクノロジー）の選択を行います。また、最先端のLSI開発においては、仕様を満たすために、新規テクノロジーの開発を行う場合もあります。テクノロジーの開発は、世代が進むごとに行われ、同一の世代であっても、高速仕様、低電力仕様等の目的の違いにより、複数のテクノロジーが存在する場合もあります。設計では、半導体製造会社（半導体ベンダー）により供給されるセルライブラリを組み合わせて機能を実現する方法が一般的です。設計に用いられるライブラリの主なものとして、論理合成用のゲートライブラリ、自動レイアウト用のセルライブラリがあります。

機能設計においては、HDLと呼ばれるハードウェア記述言語（Hardware Description Language）により、RTL（Register Transfer Level）記述を作成して行うことが一般的でしたが、近年では、C言語により機能設計し、RTLを生成する動作合成も利用されるようになってきました。RTL記述は、順序回路であるレジスタ（Flip-Flop）回路をクロック信号に同期させて動作させ、レジスタ間に組合せ回路を記述するものです。RTL記述は、論理合成ツールと呼ばれるコンパイラにより、ゲートライブラリに存在するゲートのみから構成される論理回路に自動的に変換することが可能です。論理合成ツールは、設計者の指定する面積やクロック周期、消費電力などの設計制約条件に従って、自動的に論理ゲート回路を最適化する機能を有します。

論理合成後は、LSIの製造に必要なマスクを作成するために、セルライブラリを用いて、自動的にレイアウトを生成します。自動レイアウトでは、まず、フロアプランを行い、どの回路ブロックをどこに配置するかの大枠を決め、フロアプランの情報とゲート回路の接続情報に従ってセルを自動的に配置し、その後配線を行います。

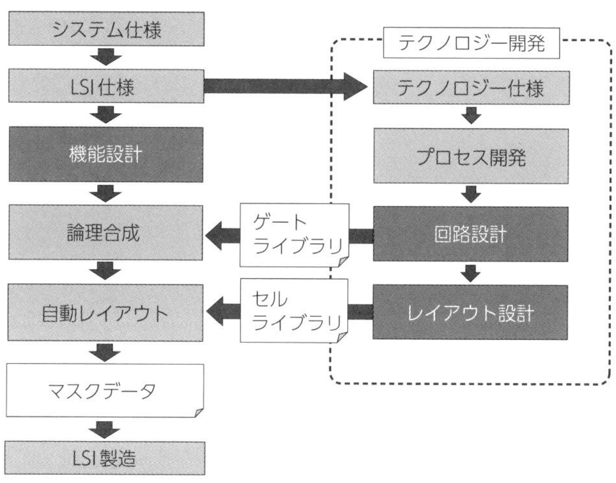

図1-19　ロジックデバイスの設計工程

1.4.2　スケーリング則

性能向上を目指して絶えず微細化の研究開発が進められる基本法則として、MOSトランジスタのスケーリング則があります。これは、素子の微細化によってLSIの集積度が上がるだけでなく、動作速度、消費電力のいずれも性能が向上することを理論的に示すものです。図1-20にMOSトランジスタのスケーリング則の概要を示します。

微細化に伴って電源電圧も下げ、チャネルの電界を一定に保つ、いわゆる等電界スケーリング則によれば、デバイス寸法と電源電圧を1/k倍、不純物密度をk倍にすると、遅延時間は1/k、消費電力は$1/k^2$になることが予測されます。特に、集積度を上げても消費電力密度が一定となることから、1つのデバイスに集積化されるトランジスタ数を増やして機能向上を実現しても、デバイスで消費される電力は変わりません。そのため、デバイスからの発熱量も増加せず、冷却システムによる装置の大型化を避けることができます。

しかし、電源電圧が1V程度以下となった今日の最先端LSIでは、リーク電流増大の問題から、MOSFETのしきい値電圧を下げることが難しくなりました。そのため、寸法比の縮小と同様には電源電圧を下げられず、消費電力の増加やデバイス内部の電界強度の増加を引き起こし、デバイスの信頼性確保を困難にする大きな要因となっています。

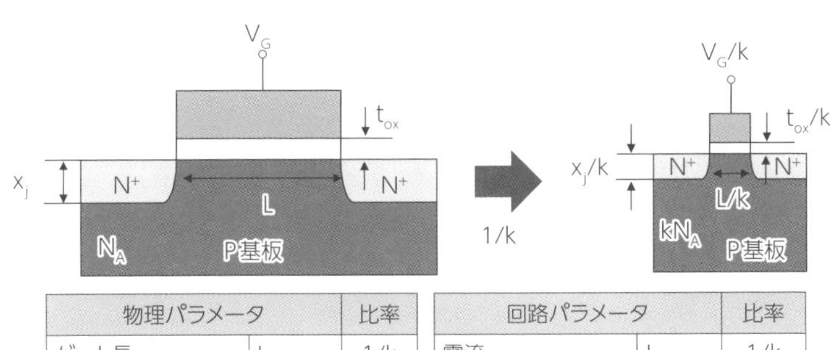

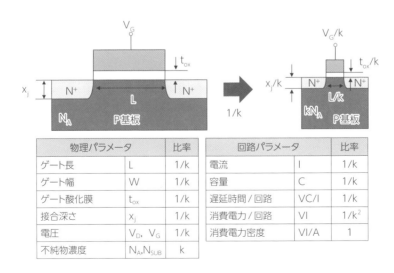

物理パラメータ		比率
ゲート長	L	1/k
ゲート幅	W	1/k
ゲート酸化膜	t_{ox}	1/k
接合深さ	x_j	1/k
電圧	V_D, V_G	1/k
不純物濃度	N_A,N_{SUB}	k

回路パラメータ		比率
電流	I	1/k
容量	C	1/k
遅延時間 / 回路	VC/I	1/k
消費電力 / 回路	VI	$1/k^2$
消費電力密度	VI/A	1

図1-20　MOSトランジスタのスケーリング則

さらに、インテル社の創設者の一人であるゴードン・ムーア氏が経験則として提唱した「ムーアの法則」も半導体の世界では非常に有名です。ムーアの法則は、「半導体の集積密度（性能向上）は18～24カ月で倍増する」というもので、半導体の性能向上を予測する際の指標や、研究開発の目標値として広く用いられてきました。図1-21に、各年代と、最小設計寸法、メモリデバイスの集積度を示します。

メモリデバイスは、1980年には、64KbitのDRAMが開発されていましたが、その15年後には、容量が1000倍となった64MbitのDRAMチップが開発され、さらに15年後の2010年には64Gbitの容量を持つフラッシュメモリチップが開発されています。これは、過去30年間にわたって、「1.5年ごとに2倍」のムーアの法則どおりの集積度向上を達成してきたことを示しています。これは、設計寸法の単純な微細化以外に、チップサイズの拡大、NAND型フラッシュメモリの回路開発や、情報格納の多値化等の技術の総合により達成されてきたものです。

しかし、2010年代には微細化が原子レベルまで到達してしまい、量子力学的効果が顕著となってくるため、それまでのMOSトランジスタの微細化や集積化の技術では、ムーアの法則に基づくさらなる微細化が難しくなりました。この問題を解決するために、新たな材料や構造によるトランジスタの実現など、ムーアの法則による微細化のペースを維持する技術（More Moore）や、新たなパッケージ技術などでムーアの法則と同等の集積度を実現する方法（More than Moore）が研究開発されています。その結果、図1-21に示すように今日もムーアの法則が成り立つ集積度を遂げています。

More Mooreの例としては、ゲート酸化膜に高誘電率（high-k）ゲート絶縁材料を導入し、トンネル電流を防止する技術があります。先に述べたFinFET（1.2.6）もMore Mooreを実現する技術の一つということができます。More than Mooreの技術例は次の1.4.3で紹介します。

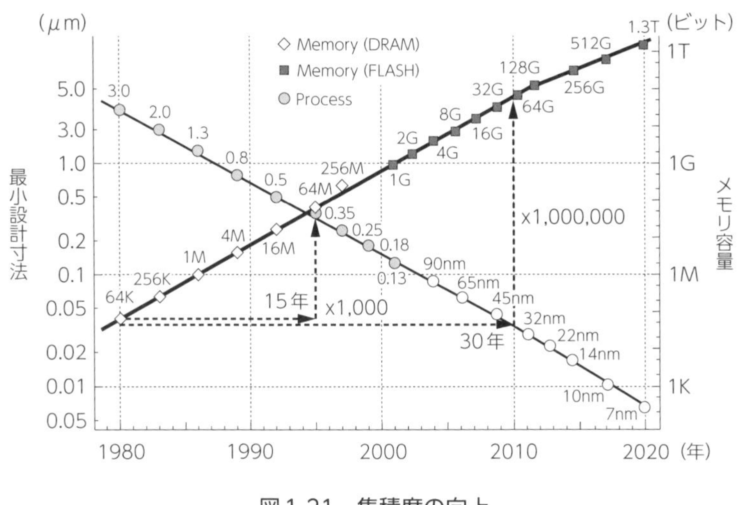

図1-21　集積度の向上

1.4.3　集積化技術

半導体製造技術の向上により、従来は集積できなかった規模の複数の回路も１つのデバイスに実現可能になってきました。例えば、図1-22（a）に示すように、従来は、プリント基板上で、CPUやメモリ、センサや無線チップのようなそれぞれ機能の異なった複数のデバイスを繋げることで、１つのシステムを実現していたものを、

同図 (b) に示すように、1つのデバイス上で実現できるようになってきました。これは、1つの半導体デバイス上に必要とされるすべての機能を集積するという、これまでの集積回路開発で最終的な目標とされてきたものであり、このように集積度が進んだデバイスを、システムLSIあるいは、SoC (System-On-a-Chip) と呼びます。

SoC化することで、小型化や高速化、低消費電力化が実現できます。しかし、一方で、デバイス自体が複雑化することで、開発期間が長期化し、また面積の増加が歩留まりの低下を招き、結果としてデバイスの製造単価が上昇するという問題があります。また、仕様変更に即応できず、携帯電話のような製品寿命の短い製品への適用が難しいという問題も出てきました。

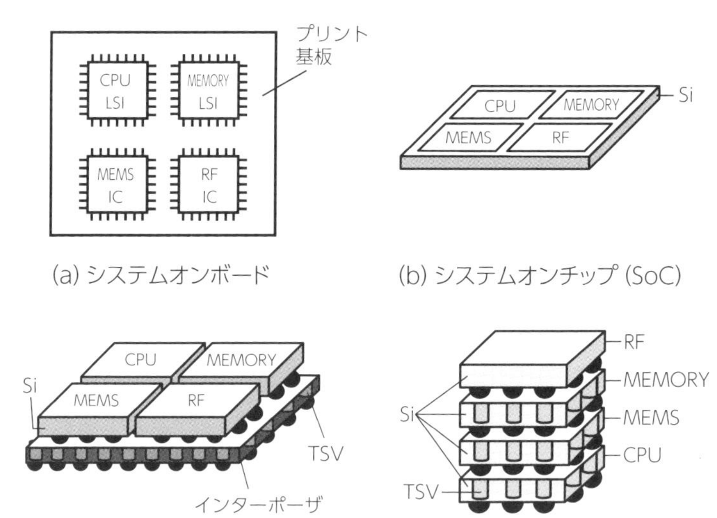

(a) システムオンボード　(b) システムオンチップ (SoC)

(c) システムインパッケージ (SiP:2.5D)　(d) システムインパッケージ (SiP:3D)

図1-22　SoCとSiP

そこで、パッケージ技術を発展させて、複数のデバイスを１つの小型パッケージ内に封止したSiP (System in Package) 技術が開発されています。例えば、SoCでは、プロセスが大幅に異なるCPUとメモリや高耐圧素子を組み合わせると、プロセスが非常に複雑化し、製造工期の長期化を招くばかりではなく、高い製造歩留まりを期待することが難しくなります。一方、SiPでは、デバイスは個別に最適化されたプロセスで製造し、個別に検査された良品のみをパッケージ上で統合します。これにより、より高度な機能を持った集積回路をより安価に、確実に、短期間で製造することができます。この特徴からSiPは、携帯電話などの小型化と、短い開発期間を同時に実現する目的に利用されています。

図1-22 (c) (d) にSiPの実現例を示します。同図 (c) は、インターポーザと呼ばれる小型中継基板の上に複数のチップを隙間なく集積化したものです。さらに、同図 (d) は、Si貫通ビア (TSV、Through-Silicon Via) を持つLSIチップを上下に積層し接続することで３次元 (3D) 集積回路を実現するもので、現在盛んに研究開発が行われています。

半導体の品質保証

Chapter 2
Quality Assurance

2.1　品質保証
2.2　信頼性基礎技術
2.3　品質管理手法
2.4　故障メカニズム
2.5　信頼性試験
2.6　設計での品質考慮

半導体の品質を保証するとはどういうことでしょうか。

そもそも、いったいそんなことが可能なのでしょうか。

製造工程で行われる半導体試験とどう違うのでしょうか。

本章ではこうした疑問に対して答えていきたいと思います。

半導体の品質保証は、半導体試験をその中に含むものの、もっと大きな枠組みで考えていく必要があります。すなわち、製品企画から設計、製造、出荷試験、出荷後のサービスまで含めた一貫した活動を通して品質を考えていくということです。その推進にあたっては、通常、半導体ベンダーの品質保証部門が推進役とはなるものの、設計・製造の技術者、製造ラインの作業者、半導体試験の技術者および作業者等々、すべての人々が関わり、管理および規定された内容と手順でその実行にあたっていきます。基本は「信頼性の作り込み」であり、顧客サイドで問題が起きないように、事前に十分検討し、管理し、対策することが重要です。

2.1 品質保証

2.1.1 半導体の品質

半導体が壊れないことだけが品質でしょうか。

答えはもちろんノー！です。これから示す顧客が満足できるいくつかの要件を備えることが必要です。本節では、「設計品質」、「製造品質」、「製品品質」の３つに分けて説明していきます。

「設計品質」は、回路の機能や性能が顧客要求に合致するか、顧客での様々なストレス状態での使用状態を考えて、十分な余裕度や冗長性を考慮した設計になっているか等が必要な項目となります。またそれを実現するために各設計工程も設計品質を確保するための重要な役割を担っています。

「製造品質」は、製造工程における作業管理、製造条件管理や、特性値の管理による加工バラツキ変動低減が必要な項目となります。また最終の製造試験においては電気特性を全数合否判定する電気的試験を実施します。

「製品品質」は、出荷後の製品の品質（ここでは壊れないこと、言い換えると規定の機能・性能どおり動作することをいいます）、すなわち時間経過とともに変化する品質について管理し、問題が起きたときは、解析による原因究明や必要なフィードバックを行います。この出荷後の品質を一般に信頼性と呼びます。

信頼性試験は設計品質を満足することを確認するために実施されます。また製造品質の確認も含め実施されることもあります。

2.1.2　初期品質と信頼性

「初期品質」は、製品の出荷直後の品質をいいます。一般に半導体は出荷直後の故障率が高く、時間とともに減少していくといわれています（故障率の正確な定義は後述しますが、たくさんの半導体デバイスがある中で故障するものの割合とした統計的意味で用いられます。故障した半導体デバイスは市場から取り去られ、正常なものが残っていくので故障率は徐々に低下します）。初期品質の向上には、製造品質の向上（すなわち歩留まりの向上）、出荷試験の故障検出率の向上、および有効な加速試験が重要です。

「信頼性（Reliability）」は、JIS-Z8115:2019『ディペンダビリティ（総合信頼性）用語』において、「アイテムが、与えられた条件の下で、与えられた期間、故障せずに、要求どおりに遂行できる能力。」と定義されています。

ここで“与えられた条件”とは、動作モード、ストレス水準、環境条件および保全のような、信頼性に影響する側面が含まれます。半導体に当てはめてみれば、温度、湿度、負荷などの環境的ストレスの保証範囲を指すと考えられます。“与えられた期間”とは、一般に半導体の保証期間を指しますが、用途（コンシューマ、車載等）によっても異なります。筆者の経験では通常10年間とする例が多いように思います。

例えば信頼性の要求レベルとしては、

・高信頼性品（自動車－走行系、社会インフラ品、等）

・産業用途品（自動車－アクセサリ、FA機器、等）

・民生標準品（パソコン、 携帯電話、家電、等）

・カスタム仕様品（個別に基準を設定）

等が挙げられます。信頼性を高めるにはそれなりのコストを要するので、どれも同じに高信頼製品扱いというわけにはいきません。顧客の要求レベルに見合った扱いが肝要です。

2.1.3 品質保証の概要

品質保証の活動は冒頭に述べたように、製品企画から設計、製造、出荷試験、出荷後のサービスまでのあらゆる工程（活動）に及びます。半導体ベンダーでは、製品ライフサイクルに及ぶ品質保証システムを構築しており、ISO9001（品質マネジメントシステム（Quality Management System：QMS））ならびにTS16949（品質マネジメントシステムの国際標準規格であるISO 9001に、自動車産業向けの固有要求事項を付加した規格）等に準じています。これらの規格を正しく満たしているかどうかは、専門の認定機関により認定されます。

2.2 信頼性基礎技術

2.2.1 信頼性評価の指標

信頼性を測る指標や関連する性質として様々な統計的用語が使われています。もともとはシステムの信頼性指標として定義されているものですが、その多くは半導体デバイスに置き換えて使うことが可能です。それぞれの意味を理解し、目的に応じて使い分ける必要があります。以下、順に説明しましょう。

① 不良率（Defective Rate）

母集団（想定している半導体デバイス全体）の中で不良品が含まれる割合を不良率といいます。ここで不良とは規定の機能・性能どおり動作しないことをいいます。現実的には、半導体試験でフェールしたもの、および出荷後の顧客側での試験や装置動作で正常な動作をしないものを指します。

不良率は100倍して%、あるいは1,000,000倍してppm（Parts Per Million）で表されます。例えば、1000個に1個が不良品だと

0.1％、あるいは1000 ppmとなります。高品質を要求する半導体デバイスでは1桁のppmレベルが要求されます。1 ppmは100万個に1個の不良レベルとなるので、たいへん厳しい要求レベルであることがわかるでしょう。次に紹介するFITと異なり、時間の関数にはなっていないので注意しましょう。

$$\text{不良率：}\quad R=\frac{r}{N}$$

（r：不良品数、N：母集団に含まれる半導体デバイスの総数）

② 故障率 (Failure Rate)

単位時間内に故障となる半導体デバイスの比率で時間の関数になっています（それまで正常に動いていたものが動かなくなる意で不良でなく、故障という用語を用いています。しかし区別されずに用いられることも多くあります）。

FIT（フィット、Failure In Time）という単位が用いられます。

$$1\,\text{FIT}=1\times10^{-9}/\text{時間。}$$

本来の故障率（瞬間故障率）は時刻ごとの瞬間的な発生率ですが、これを正確に求めるのは困難なので、運用上は着目している稼働時間でのデバイス全体に対する故障の発生比率として、以下の式で平均故障率を求めます。単位は10^9倍してFITで表します。

$$\text{故障率：}\quad \lambda=\frac{r}{(N\times t)}$$

（r：故障品数、N：母集団に含まれる半導体デバイスの総数、t：稼働時間（hr））

③ 平均寿命/故障までの平均時間(Mean Time To Failures:MTTF)

半導体自体の故障や劣化（半導体デバイスの特性、性能の低下）の結果、永久に動作が不可能になるまでの母集団の平均故障時間をMTTFと呼びます。

MTTFを本当に測定するには全チップが壊れるまでモニタしなくてはならないので不可能です。そこで通常は統計的にサンプリングした半導体デバイスに対して2.3で述べる加速試験を行い、母集団の値を推定します。また製品やロット等の着目している母集団によってMTTFの値は大きくばらつく場合があるので注意が必要です。

平均寿命：
$$MTTF = \frac{\text{総動作時間}}{\text{母集団の数}} \quad \text{(hr)}$$

④ 平均故障間隔（Mean Time Between Failures：MTBF）

MTBFはシステムの実使用環境における誤動作の発生する頻度を表すもので、一般に修理しながら使用する機器などの隣り合う故障間の動作時間をいいます。MTTFは修理できないシステムの故障寿命を表すのに使われるのに対して、MTBFは修理等で継続して使用可能なシステムに使われます。ある特定期間中のMTBFは、その期間中のシステムの総動作時間を総故障回数で割ることで計算されます。

半導体デバイスでの修理は通常困難なので、当初から内在していた弱点が使用条件や環境条件の変化に伴って顕在化する場合に該当しますが、発生条件やメカニズムが明確になれば、100%の不良再現が可能と考えられます。複数部品からなる修理可能なシステムでは、部品点数が多くなると故障の可能性が増加し、MTBFが短くなります。そのため信頼性向上には、部品点数を少なくする設計が必要であるといえます。
(MTBFの計算には統計的扱いが行われます。1台のシステムが100万時間の動作中5回故障する場合のMTBFは20万時間となります。しかし100万時間のシステム監視は現実的ではなく、そこで同一のシステムを10万台用意し100時間監視すると、延べ1000万時間の監視に相当すると考えます。この100時間で50回の故障が発生したならばMTBFは20万時間と計算します)

$$平均故障間隔：\quad MTBF = \frac{総動作時間}{総故障回数} \quad (hr)$$

⑤　**平均修復時間 (Mean Time To Repair：MTTR)**

システムの修復完了までに要する総時間の平均値で、保全性を図る尺度の一つです。半導体デバイスは動作不可能になった場合、通常、交換しか方法はないのですが、ボード上での故障デバイスの特定や修理の時間を短くして、システム停止による影響を小さくするために、ボード全体を交換する保守もよく行われています。

$$平均修復時間：\quad MTTR = \frac{総修復時間}{修復回数} \quad (hr)$$

紹介した様々な用語は、信頼性の様々な側面を異なる指標で表したものですが、それらの意味をよく理解し使い分ける必要があります。本節で紹介した用語に関してまとめると以下のようになります。

・FITやppmは値が小さいほど信頼性が高いといえます。

・ppmは時間幅を考えないのに対して、FITは単位時間当たりに定義されます。

・MTTFやMTBFは値が大きいほど信頼性は高いといえます。

・MTTRは値が小さいほど信頼性は高いといえます。

2.2.2　半導体の故障率推移

半導体デバイスが時間経過に対して、その故障率がどのように推移するかをグラフ化すると、図2-1に示す風呂桶のような形状（バスタブ曲線、bath tub curve）で表すことができるとされています。半導体デバイスの使用（稼働）開始後に故障率が徐々に小さくなる期間を初期故障領域、その後長い使用期間にわたる故障率がほぼ一定の期間を偶発故障領域、半導体デバイスの本質的寿命に伴って故障率が徐々に大きくなる期間を摩耗故障領域と呼びます。

一般に初期故障は、製造工程などに起因する潜在欠陥が、使用開始後のストレス（ストレスの要因としては、温度、湿度、電圧、加速度、応力、電磁線、静電気、α線などの様々なものがあります）で劣化することにより発生するものと考えられます。潜在欠陥を持つ半導体デバイスは故障して次第に市場から除去されていくため、故障率は時間とともに減少します。これらの初期故障品は、製造試験あるいは加速試験によるスクリーニング（信頼性を高めるために目標品質に満たないものを除去すること）などにより、故障の発生率を十分に低減した状態（偶発故障領域に移行した状態）で出荷されるのが望ましいとされています。

偶発故障は、当初の潜在欠陥を持つ半導体デバイスが除かれ、残存したデバイスが安定して稼働する間の半導体デバイス本来の実力に相当する故障といえます。主な故障原因としては、電気的ノイズ、静電破壊、ソフトエラー等の偶発的な外的ストレスおよび初期故障の残存等が考えられます。偶発故障率の低減およびその期間の延長には、半導体デバイスそのものの材料の改善や工程改善、あるいは使用環境の改善（環境温度を下げる、使用電圧を下げるなど）などの改善が有効と考えられます。

摩耗故障は、デバイスの摩耗や疲労に対する寿命に起因するもので、故障率は急速に増加する傾向を示します。半導体デバイスは、実使用期間中に摩耗故障領域には入らないように設計開発段階から信頼性の作り込みを推進し、十分な信頼性設計がなされねばなりません。実使用期間は使用目的によって異なりますが、通常10年以上が想定されています。

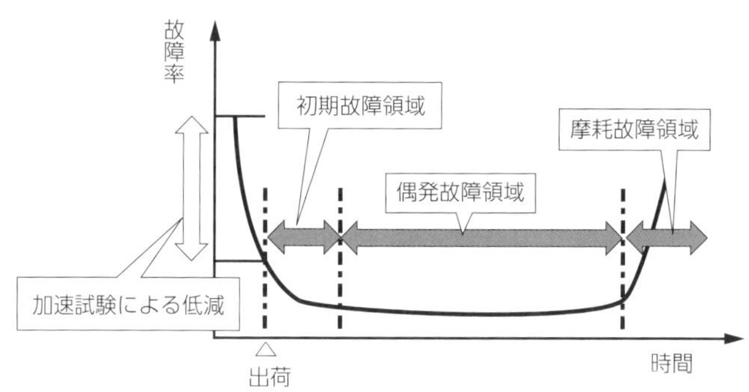

図2-1　故障率推移（バスタブ曲線）

2.3 品質管理手法

2.3.1 品質管理の概要

(1) 開発段階

開発段階においては、製品の要求品質レベル・機能・性能・信頼性、製造上の問題、コスト等に関する問題等が多角的に検討されます。設計の妥当性を確認するため、後述するFTA、FMEA 等の手法を活用して分析・評価を行います。また、特性、定格、信頼度が設計目標を満たしているかどうかを確認するため、信頼性試験(2.5節参照) が実施されます。FTA、FMEAの概念を以下に示します。ちょっと難しいかもしれませんが、聞いたときに、ああ、あそこに書いてあったなと思い出してください。FTAがトップダウン的に解析するのに対して、FMEAはその逆にボトムアップ的に解析するのが特徴です。

① FTA (Fault Tree Analysis)

FTAは、半導体デバイスの起こりうる事象 (一般に好ましくない事象) を想定し、引き起こす原因を論理的にたどり、それぞれの発生確率を算出・評価する手法です。このように信頼性や安全性の問題を想定、評価することで、あらかじめ対策を講じることが可能となります。

② FMEA (Failure Mode Effect Analysis)

FMEAは、故障モードから因果関係を順方向にたどり、それによる半導体デバイスへの影響を解析する手法です。故障モードの選択がキーポイントとなりますが、多方面の経験者の知識を活用したり、過去の不具合事例をデータベース化したりして検討用のシートを作成することが行われています。

(2) 生産段階

生産段階においては、製造の工程管理によるプロセス条件の中心値やばらつきの管理、製造試験（電気的試験）、故障解析等が行われます。また生産段階においても設計品質、製造品質を含めて信頼性試験を行うこともあります。

工程管理においては、管理図を用いた管理や、工程能力指数等の統計的手法を用いた管理が行われ、プロセスのばらつきが安定な状況で管理されている状態にあるかどうかを監視します。それらにより得られた品質情報を各工程にフィードバックし、品質の向上を図っています。

製造試験、信頼性試験については2.5節および第4章で説明します。故障解析は故障の物理的原因を究明し、製造工程にフィードバックする目的で、解析装置を使った物理解析のみならず、故障発生頻度を分析する統計的解析も行われます。

(3) 管理図

管理図は、図2-2に示すような中心線と上下の管理限界を記入した折線グラフです。横軸は、時間やロット番号やウェーハ番号、縦軸は特性値の測定データです。管理値の中で最も一般的なものとし

て平均値 ($\bar{X}$) と範囲 (R) の変化を表した$\bar{X}$－R管理図が使われています。

管理図は、工程が安定状態か異常状態か、異常の兆候が見え始めているかを判断する材料として使われます。管理限界は上方管理限界 (UCL) と下方管理限界 (LCL) で示され、これらを超える場合はもちろん異常と判断されます。また管理限界内であっても、平均値に対して連続して上側または下側が続いている場合や、上昇傾向あるいは下降傾向が続く場合も異常または異常兆候と判断されることがあります。

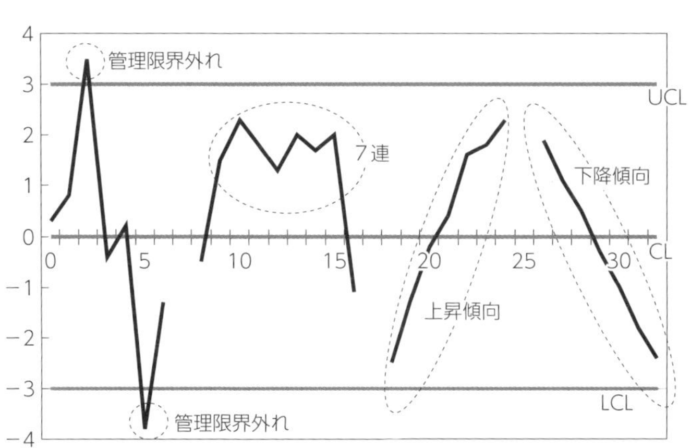

図 2-2　管理図の例 (株式会社アドバンテスト提供)

(4) 工程能力指数 (C_p、C_{pk})

管理図による工程管理において、工程能力指数を用いて工程ばらつきを定量的に評価することができます。工程能力指数は、一定期間の工程データと管理規格値からその工程の規格に対する安定度を求めるもので、次のように定義されます。上側規格値 (USL) と下側規格値 (LSL)、σ (シグマと読む) は特性データの標準偏差です。(標準偏差は分布の平均値からのずれを示すために計算される指標です。例えば、ランダムな現象の積み重ねで現れる正規分布では、平均値から±2σの範囲には95.5%、±3σの範囲には99.7%のデータが含まれることが知られています。このように平均値からσの何倍ずれているかを知れば、分布のどのあたりに位置しているかも知ることができます)

$$C_p = \frac{(USL - LSL)}{6\delta}$$

$$C_{pk} = min\left[\frac{(USL - \text{平均値})}{3\delta}, \frac{(\text{平均値} - LSL)}{3\delta}\right]$$

工程データの平均値が規格のほぼ中心にある場合はC_p値、規格の中心値から工程データの平均値がずれている場合は、C_p値だと過大評価にならないようC_{pk}値を用いてばらつきを定期的に把握し、プロセス改善に活用します。「工程指数が高い (大きい)」場合は、特性データばらつきが小さいか、スペックに余裕があることになります。逆に特性データばらつきが大きいかスペック幅が小さいと、工程能力指数は低くなります。

例えば、工程能力指数が1.33以上であれば工程能力としては十分で、その状態を維持できればよいと判断します。さらに1.67以上であれば管理を緩めてもよいと判断します。

図2-3の例は、C_p = 3.15なので、数ロットのデータが安定していれば、ばらつきが良いレベルに安定しているので監視を緩めても

よいという判断にもなります。逆に工程能力指数が1.00以下のときは、ばらつきの安定レベルが十分でないので、全数検査などの管理が必要になってきます。さらに0.67以下のときは、ばらつき管理が困難と思われ、何らかの対策を施したり規格値の見直しを行ったりする必要があります。

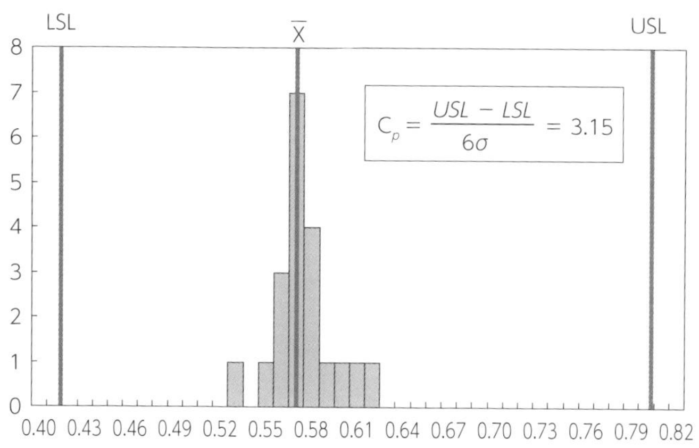

図2-3　工程能力指数による管理例 (株式会社アドバンテスト提供)

2.3.2　加速試験によるスクリーニング

半導体デバイスの初期故障の故障率が高い場合、それを除去する目的で製品を出荷する前にデバイスにダメージを与えない程度の高電圧、高温度等のストレスを加えることにより、潜在的な初期故障を除去します (図2-1バスタブ曲線を参照)。

方法としては、高電圧、高温度下でのバーンイン試験 (高温炉内で一定時間ストレスを加えて劣化品を除去するテスト、通常はパッケージ品に対して実施されますが、ウェーハ状態でも一部実施されることがあります）以外に、プローブ試験（ウェーハ状態での各ダイの試験）において高電圧パルスのストレスを短時間与える試験を実施することにより早期に劣化性の半導体デバイスを除去する方法等も行われています。

一般にバーンイン試験は専用装置で長時間を要するため、試験コストが高くなります。また近年の超微細加工の半導体デバイスでは、良品デバイスもストレスの加速により劣化させてしまう危険があります。そこで、生産当初はバーンイン試験で初期不良をスクリーニングすると同時に、製造工程の歩留まり向上による品質の作り込みを推進し、バーンイン試験での故障率が低下して初期故障を十分低減できた時点で、バーンイン試験を省略することが多くなっています。省略後は品質確認のため、定期的に抜き取りバーンイン試験を実施する場合もあります。

①　加速条件の決定

加速条件を決定するには、対象デバイスの実際の故障レベルを事前に把握することが重要です。そのため、新規プロセス開発や製品開発時にはTEG（Test Element Group、半導体デバイスの構成要素等の評価目的に製品とは独立に作製された評価用回路のことであり、テストストラクチャとも呼ばれます）、または製品に対して数時間～数十時間に及ぶバーンイン試験を繰り返し行い、得られた試験結果を基に、試験時間・温度・電圧等の加速条件を決定します。

加速条件は故障モードによって異なるため、バーンイン試験の繰り返し評価で発生した故障品は故障解析して故障モード分けを行う必要があります。故障モードごとに、測定値をワイブル確率紙上にプロットすることで、ある目標の累積故障確率での破壊耐圧時間を読み取ることができます。温度・電圧の加速度はアレニウスモデルやアイリングモデルを使って推定することができます。このようにバーンイン試験における加速条件は、市場環境や信頼性目標を考慮して、おのおのの電圧と温度条件が設定されます。

② ワイブル確率紙

故障の分布関数を表現するのにワイブル分布関数が用いられます。これは3つのパラメータを決めることで様々な分布関数を表現できます（バスタブ曲線の各領域も表現可能）。測定した故障時間 (t) と累積故障確率 ($F(t)$) をワイブル確率紙にプロットすると、ワイブル分布のパラメータを推定することができます。これを用いて、バーンイン時間と初期故障率の関係を求めることが可能となり、目標品質を実現するバーンイン時間を求めることができます。

図2-4にワイブル確率紙の概念を示します。測定データをプロットし直線近似を行った後に、勾配を求めることによりワイブル分布の形状パラメータ m を求めることができます。形状パラメータは故障分布の形を決める最も重要なパラメータです。その他のパラメータも求めることができます。また任意の時間 t における累積故障確率も読み取ることができます。

（故障モードが異なるとワイブル分布も異なるので、故障モードごとに直線近似を行う必要があります。また最近では最尤法などの統計的手法を用いたソフトウェアでワイブル分布のパラメータを求めることも可能になっています）

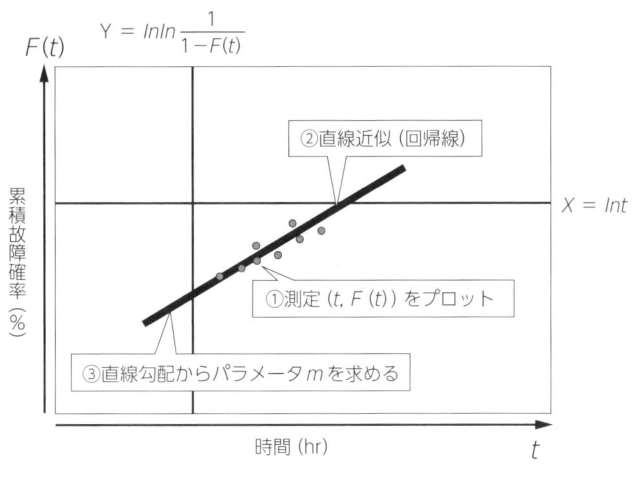

図 2-4　ワイブル確率紙の概念

③　アレニウスモデル

半導体デバイスの故障は、化学的、物理的反応が進み、ある限界に達したときに起きるという反応論モデルが一般に用いられ、中でもアレニウスモデルが広く活用されています。アレニウスモデルでは、化学反応による劣化量をxとし、時間tに対する反応速度をKとすると、絶対温度Tの関数として、

$$K = \frac{dx}{dt} = Aexp\,(-\frac{E_a}{k_B T})$$

が成り立ちます。xが劣化してある値を超えると故障に至ると考えます。ここでAは比例定数、E_aは活性化エネルギー（eV）、k_Bはボルツマン定数（eV/K）です。活性化エネルギーE_aは故障メカニズムに対して一意的に決まるので、一般に反応速度Kは、絶対温度T

のみの関数として表されます。アレニウスモデルから、活性化エネルギーが低ければ反応は進みやすく、また温度が高ければ反応は進みやすいことがわかります。図2-5に寿命と温度および活性化エネルギーの関係を示します。

本式を使えば、ある温度2点間の加速係数比は以下のように求めることができます。さらにこれを拡張して、機械的応力、湿度、電圧などの影響も考慮したアイリングモデルも提案されています。

$$\frac{K_1}{K_2}=\frac{Aexp\left(-\frac{E_a}{k_B T_1}\right)}{Aexp\left(-\frac{E_a}{k_B T_2}\right)}=exp\left\{\frac{E_a}{k_B}\left(\frac{1}{T_2}-\frac{1}{T_1}\right)\right\}$$

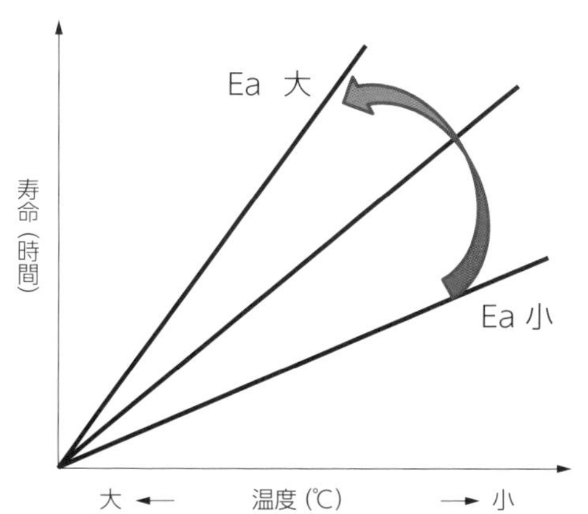

図2-5　アレニウスモデルによる寿命

注：縦軸は対数、横軸は絶対温度の逆数でプロットしている。

④　活性化エネルギー

活性化エネルギーは、正常状態から劣化状態へ進む過程で超えなければならないエネルギーの壁と考えることができます。その値は故障モードによって異なりますが、低ければ劣化状態に進みやすいことになります。表2-1は代表的な故障モードと活性化エネルギーの対応を示しますが、複数の温度条件で加速試験を行うことで実験的に求めることもできます。表では、酸化膜の破壊、Al系配線のエレクトロマイグレーションや腐食等の活性化エネルギーが低いことがわかります。

表2-1　代表的な故障モードと活性化エネルギー

故障モード	故障メカニズム	活性化エネルギー(eV)
メタル配線故障(オープン、ショート、腐食)	Al系配線のエレクトロマイグレーション	0.4-1.2
	Al系配線のストレスマイグレーション	0.5-1.4
	Au-Alの合金の成長	0.85-1.1
	Cu配線のエレクトロマイグレーション	0.8-1.0
	Alの腐食(水分の侵入)	0.6-1.2
酸化膜耐圧(絶縁破壊、リーク電流増加)	酸化膜の破壊	0.3-0.9
h_{FE}の劣化	水分によるイオン移動の加速	0.8
特性値変動	NBTIによる変動	0.5-
	SiO_2中のNaイオンドリフト	1.0-1.4
	Si-SiO_2界面のスロートラッピング	1.0
もれ電流の増加	反転層の生成	0.8-1.0

(出典:『半導体 信頼性ハンドブック』(ver.2 2018年)、東芝デバイス&ストレージ株式会社刊)

2.4 故障メカニズム

本節では半導体デバイスの構成要素ごとに代表的な故障モードを紹介します。異物欠陥による物理的破壊モードは除いて、構造的な理由に起因するものを取り上げます。

2.4.1 配線/ビア/コンタクトの故障

AlやCu等の材料の信頼性や異種材料からなる構造が起因となる故障が多く見られます。

(1) ビア（スルーホール）/コンタクトの故障

物理構造の異なる配線層間を接続するため故障が発生しやすくなっています。ボイド（空孔）等による断線故障が多く見られます。かろうじて繋がっているものは高抵抗ですが、影響が小さいため特性故障としては観測が難しいです。しかし熱や応力のストレスにより故障が顕在化することもあります。

(2) エレクトロマイグレーション

エレクトロマイグレーションとは、導体に電流を流すことにより金属イオンが移動する現象です。Al配線では、陰極側にボイド（空孔）が発生しオープン（断線）故障になり、陽極側ではヒロック（丘）やウィスカ（猫ひげ）が成長し、最終的にはショート（短絡）故障に至ります。半導体デバイスが急激に微細化および高速化しており、Al配線を流れる電流の密度が大きくなって故障が発生しやすくなっています。最近ではエレクトロマイグレーションが起きにくいCu（銅）等の配線材料も用いられるようになってきています。エレクトロマイグレーションの寿命Lは次式のように表されます。

$$L = A \times J^{-n} \times e^{\frac{E_a}{k_B T}}$$

ここで、Aは比例定数、Jは電流密度（A/m^2）、nは実験的に求められる定数で、E_aは活性化エネルギー（eV）、k_Bはボルツマン定数（eV/K）、Tは絶対温度（K）です。本式よりエレクトロマイグレーションは、大電流や高温で加速されることがわかります。

図2-6はエレクトロマイグレーション解析例（導体材料Ag・Pbのエレクトロマイグレーション）を示します。

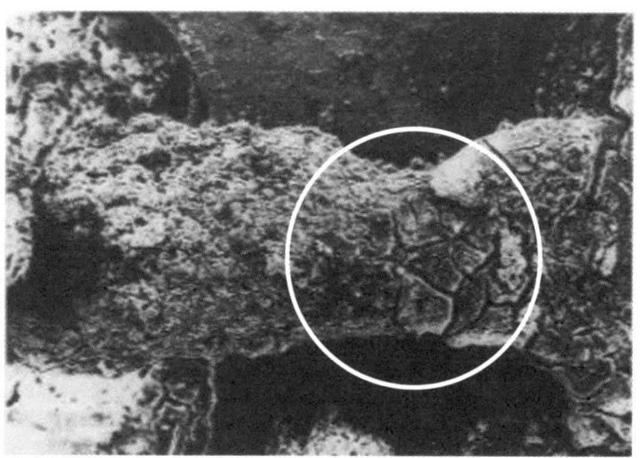

図2-6　エレクトロマイグレーション解析例（株式会社アドバンテスト提供）

(3) ストレスマイグレーション

ストレスマイグレーションは、電源オン/オフ、パルス電流の繰り返し、高低温の繰り返しなどによる温度ストレスで金属原子が移動する現象をいいます。電流印加のない温度ストレスのみの状態でも発生することからストレスマイグレーションと呼びます。

金属に応力が加わると、その応力を緩和しようと金属原子の移動が生じて、その結果、結晶粒界にボイドが発生し、最後は断線に至ります。パッシベーション膜あるいは層間絶縁膜と金属配線の熱膨張係数の差から生ずる応力に起因する現象がよく見られます。温度によって熱膨張係数の差の影響が大きくなるので、低温保存状態で劣化が進むモードや、高温での加工時に発生するモード等が知られています。

図2-7は、ストレスマイグレーションの例です。丸で示す箇所でアルミ配線が断線しています。

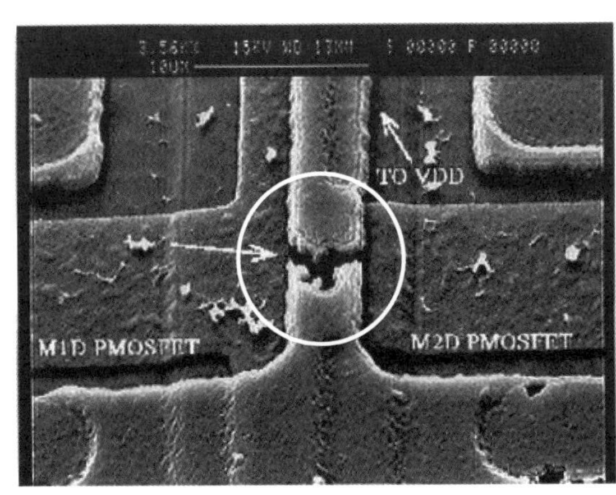

図2-7　ストレスマイグレーション解析例（株式会社アドバンテスト提供）

2.4.2 トランジスタ（酸化膜）の故障

酸化膜の薄膜化と高い電界強度に起因する故障が多く見られます。

(1) TDDB (Time Dependent Dielectric Breakdown)

ゲート酸化膜は、集積度の向上とともに微細化、薄膜化の傾向にありますが、電源電圧の低電圧化は緩やかです。このためゲート酸化膜には従来に比べ非常に高く、数MV/cmの電界強度となっています。時間の経過とともに破壊が起こる現象をTDDBと呼びます。TDDBの発生メカニズムは諸説ありますが、現象は酸化膜中の欠陥と関係しており、加速試験によりある程度はスクリーニングできると考えられています。

寿命Lの推定は以下の式がよく用いられ、強電界強度や高温の環境で劣化が加速されることがわかります。

$$L = A \times 10^{-\beta E} \times \exp\left(\frac{E_a}{k_B T}\right)$$

ここで、L：平均寿命 (MTTF) (h)、A：定数、E_a：活性化エネルギー (eV)、E：電界強度 (MV/cm)、β：電界強度係数 (cm/MV)、k_B：ボルツマン定数、T：絶対温度 (K)

TDDBの解析例を図2-8に示します。図の小さな穴はピンホールと呼ばれ、ここが契機となり、ゲート電極から基板までの貫通電流が流れたと思われます。

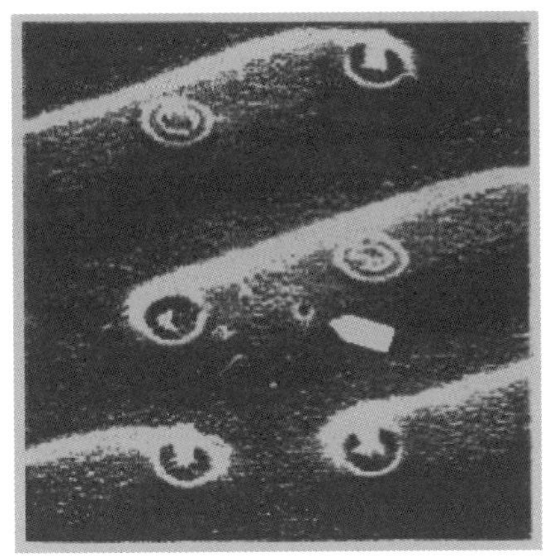

図 2-8　TDDB 解析例（株式会社アドバンテスト提供）

(2) ホットキャリア (Hot Carrier Injection、HCI)

ホットキャリアは、TDDB の場合と同様に電界強度の増加が背景にあります。トランジスタのしきい値電圧の劣化（低速化）やリーク電流の増加をもたらします。NMOS だけでなく PMOS トランジスタにも発生します。

ドレイン近傍の高電界領域に流れ込んだキャリア（電子または正孔）は加速され、大きなエネルギーを得て、一部のキャリアが高エネルギーを有するホットキャリアとなります。このホットキャリアがゲート酸化膜中に注入、膜中に捕獲されて、トランジスタ のしきい値電圧および伝達コンダクタンスなどの特性を経時的に劣化させます。ソース・ドレイン間の電圧差が大きいほど、また一般に温度は低いほど（通常の故障とは異なる）劣化が進むことが知られています。

しきい値電圧V_{th}の経時劣化はバイアス状態での経過時間tにより劣化量は以下のように表現できるとされています。nは0.45程度と言われています。しかし、劣化が進むのは、CMOS回路のスイッチング時であり、経過時間tのとらえ方は難しくなります。

$$\Delta V_{th} \propto t^n$$

(3) NBTI (Negative Bias Temperature Instability)

NBTIは、HCIの場合と同様に電界強度の増加が背景にあります。トランジスタのしきい値電圧の劣化をもたらし、その結果トランジスタの動作速度が低下します。NBTIはPMOSトランジスタに発生します（最近の微細化プロセスではNMOSに発生するPBTI：Positive Bias Temperature Instabilityも知られています）。

寿命Lの推定は以下の式がよく用いられ、強電界強度や高温の環境で劣化が加速されることがわかります。

$$L = A \times 10^{-\beta E} \times \exp\left(\frac{E_a}{k_B T}\right)$$

ここで、L：平均寿命 (MTTF) (h)、A：定数、E_a：活性化エネルギー (eV)、E：電界強度 (MV/cm)、β：電界強度係数 (cm/MV)、k_B：ボルツマン定数、T：絶対温度 (K)

HCIとは異なりスイッチング時ではなく、トランジスタがオン状態で保持しているときに劣化が進みます。NBTIはまたゲート・ソース間電圧が0の状態ではリカバリ（回復）効果のあることも知られていますが、完全に回復するには長時間を要します。トランジスタが一定時間でオンオフを繰り返すモデルでオン状態の比率をαと置くと、しきい値電圧V_{th}の経時劣化量はバイアス状態で経過時間tにより以下のように表現できます。このようにNBTIによる劣化は、経過時間、温度、およびPMOSのオン状態の比率に大きく依存することがわかります。

$$\Delta V_{th} \propto \alpha t^n$$

2.4.3　ボンディングの故障

ワイヤボンディングあるいはCCBバンプによるパッケージとの接続は、異種材料の接合や物理的ストレスを受けやすいことから故障が発生しやすくなります。

(1) パープルプレーグ

ワイヤボンディングの半導体デバイスでは、表面電極（Alパッド）とパッケージのリード（Ag、Auメッキ）との間を金属細線（Au）でワイヤボンディングします。しかしAu-Alの異種金属の接合では、化合物の形成による長期的な寿命の劣化現象が起きます。すなわち、接合部の接触抵抗が増加し、最終的に接合部が断線に至ることが知られています。この化合物は紫色に見えることからパープルプレーグと呼ばれています。

劣化の進行にはアレニウスモデルが適用可能で、高温により加速され、また活性化エネルギーもセラミックパッケージなどではかなり低くなります。封止後のパッケージは不要な加熱処理を行わないことが故障の抑止に肝要となります。

図2-9は、パープルプレーグの解析例です。AlとAuの界面でボイド（空洞）が生じて高抵抗接続状態になっています。

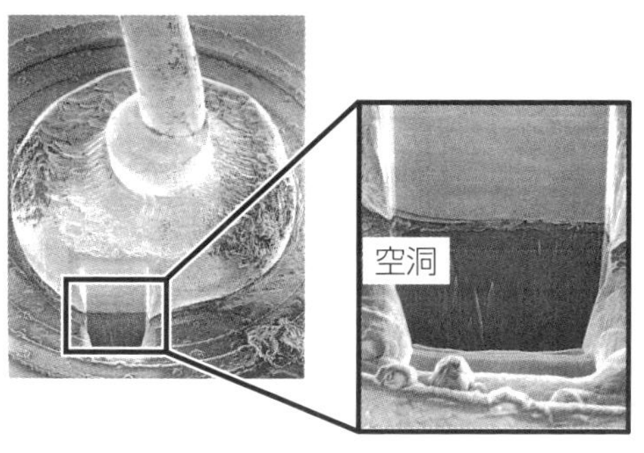

図2-9　パープルプレーグ解析例（株式会社アドバンテスト提供）

2.4.4　パッケージの故障

パッケージは用途やコストにより様々な種類があり、材料や構造が異なります。水分や化学物質の侵入、物理的なストレス等が原因で故障が発生しやすくなります。

(1) 電解腐食

電解腐食は、パッケージ内に浸入した水分が電圧印加によりイオン化し、配線材料の金属などと化学反応を起こして腐食に至るものです。腐食の結果、高抵抗や断線に至ります。水分の浸入は、リードフレームの密着性不良やパッシベーション膜のクラックなどから発生します。ナトリウムやカリウムなどのイオン性の高い金属汚染があると腐食しやすいことも知られています。

(2) デラミネーション

デラミネーションとは、チップ（ダイ）、リードフレーム、樹脂パッケージ間に隙間ができる現象です。デラミネーションそのものでは機能不良とはならないのですが、長期的には密着性が悪くなることに起因して、水分とともに浸入した汚染物質による耐湿性障害（電解腐食等）が発生する可能性があります。汚染源としては、はんだフラックスに含まれるイオンなどが考えられます。また短期的にはワイヤボンディングはずれの不良になる場合があります。

(3) パッケージクラック

基板の高密度化のため表面実装パッケージの使用が増えています。表面実装パッケージのはんだ付け方法には加熱処理が入るため、パッケージへダメージを与えてクラックが生じる場合があります。パッケージクラックはパッケージの保管時等での吸湿と実装時の加熱の組み合わせで、ダイの周辺部に応力が集中し、パッケージ樹脂にクラックが入ることで起きます。

2.4.5 外的要因による故障

半導体デバイスは実使用状態において、静電気やα線などの外的なストレスを受ける危険が絶えずあります。これらは半導体デバイスの誤動作や破壊をもたらします。

(1) ラッチアップ

CMOSデバイスは構造上、寄生のNPN、PNPバイポーラトランジスタが入出力回路部にでき、これが合わさって寄生サイリスタ（PNPNの4重構造）を形成します。サイリスタは一度導通状態になると電流が流れ続けることが知られています。この寄生サイリスタを導通状態にさせるのに十分な電圧ノイズが外部からデバイスに加わると、過電流が流れ続け、あるいは素子破壊に至ります。これをラッチアップと呼びます。電源を切れば過電流は停止します。図2-10にラッチアップ現象の例を示します。

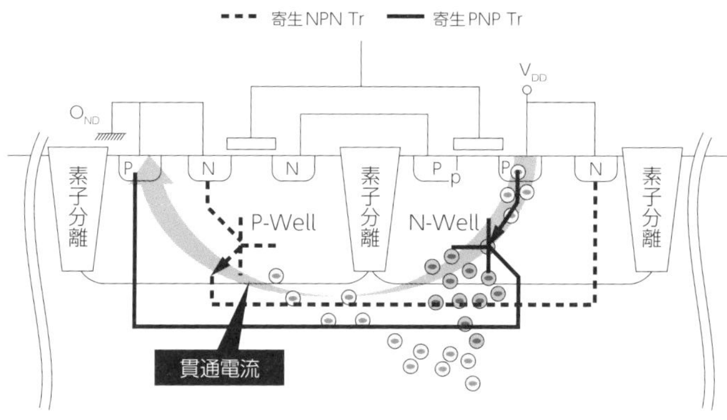

図2-10　ラッチアップ例

(2) 静電破壊

半導体デバイスはその微細構造のゆえ静電気のエネルギーや電圧により破壊しやすいことが知られています。静電破壊は静電気放電(Electrostatic Discharge：ESD)により、デバイス内に放電電流が流れ、局部的な発熱や電界集中により破壊する現象をいいます。ESDによる破壊は、1次的にはPN接合の破壊、ゲート酸化膜破壊、あるいはバリアメタル破壊となる場合が多く、基本的にはショート故障ですが、2次的にはショート電流による発熱で配線溶断からオープン故障になる場合もあります。デバイスの破壊は、帯電した導体が瞬時に放電して起こり、エネルギーが小さいため微小な損傷痕が残ります。

図2-11は静電気破壊の解析例です。トランジスタのコレクタ部にダメージが見えます。

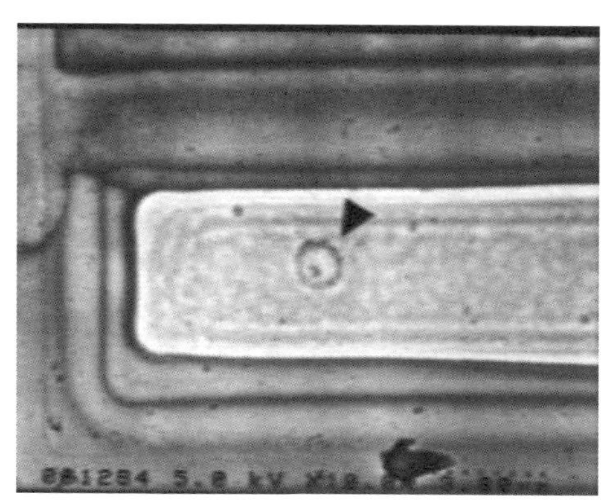

図2-11　静電破壊例（株式会社アドバンテスト提供）

(3) ソフトエラー

宇宙から降り注いでくる高エネルギー中性子線や半導体デバイス材料（パッケージ、層間絶縁膜、鉛はんだ等）に微量に含まれるウランやトリウムの崩壊で放出されるα線によって、メモリセルの情報などが反転し、誤動作を起こす現象をいいます。大規模メモリではパリティチェック機能の搭載により対策がされていますが、微細化とともに、多数のビットが同時反転するバースト故障の存在や、ロジックでのフリップフロップ情報の反転等の可能性も増加が指摘されており、古くて新しい問題です。

典型的なモデルを図2-12に示します。α線がメモリに入射すると、高密度の電子正孔対を生成し、電界により分離されます。PN接合では、N層に電子が、P層にホールが集められ、これによりメモリ情報が反転します。誤動作は永久破壊ではなく一過性で再書き込みにより正常となります。ただし元の情報は消えてしまうので、誤り訂正符号（ECC：Error Correction Code）などの対策が行われています。

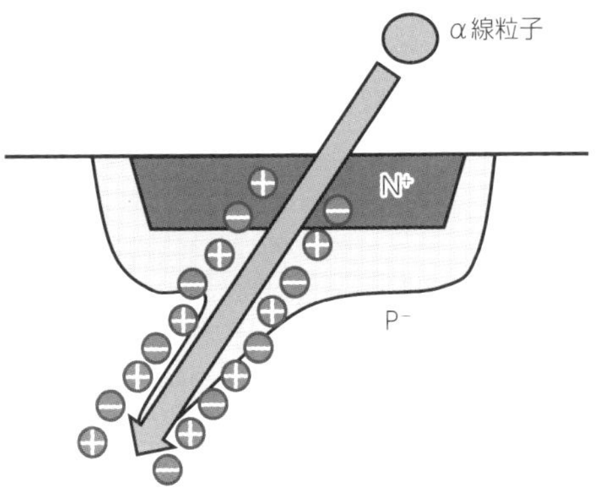

図2-12　ソフトエラー例

2.4.6　パワーデバイスの故障（シングルイベントバーンアウト）

オフ状態のパワーデバイスに対して中性子線やα線が入射すると、シングルイベントバーンアウト（SEB：Single Event Burn-out）という溶融破壊を起こす場合があります。論理ICやメモリのソフトエラーのように復帰することがない、致命的なショート状態の故障に至ります。

パワーデバイスはオフ状態の時に数百～数千Vの高電圧が掛かっています。粒子線が入射することによって電子正孔対が発生するとその箇所にリーク電流が流れ、それに伴ってアバランシェ降伏(Avalanche Breakdown)が起こると、さらに大きな電流集中に至ります。高電圧が掛かった状態で電流が流れるため、多量の熱が発生して溶融故障につながります。

SEBを避けるには、電流集中が発生しにくくなるようにデバイス設計の段階で配慮することが必要です。

2.5 信頼性試験

2.5.1 信頼性試験の目的

信頼性試験とは、JIS-Z8115:2019において「信頼性の特性又は性質を分類するために行う試験」とあり、注記1に「大別して、信頼性適合試験及び信頼性決定試験に分類される。」とされています。「信頼性適合試験」は「アイテムの信頼性特性値が、規定の信頼性要求（例えば、故障率水準）に適合しているかどうかを判定する試験」、「信頼性決定試験」は「アイテムの信頼性特性値を決定する試験」とあります。半導体デバイスが出荷後に、最終ユーザーにおいて、使用中や保管中、あるいは輸送中等の各環境状態で所望の機器寿命まで使用される間、所望の性能が発揮されることを確認するための試験です。

信頼性試験において半導体デバイスに印加されるストレスは、フィールドでのいろいろな段階で受ける可能性のあるストレスを模擬または加速したものであり、温度、湿度などの環境条件や、印加電圧、輸送時の振動、衝撃などの使用条件のストレスを規定する必要があります。

信頼性試験は、開発・量産の各段階において実施され、それぞれ目的や内容は異なります。開発段階では、設計品質、要求仕様を満たすことを確認するため、TEGや製品を使った試験を行います。量産段階では、品質が規定の水準を維持していることを確認するため、製品を使った試験を行います。

2.5.2 信頼性試験方法

信頼性試験方法は、「米軍規格（MIL）」「国際電気標準会議規格（IEC）」「日本工業規格（JIS）」「電子情報技術産業協会規格（JEITA）」等に種々の試験方法が規定されています。それぞれ若干の違いがあるものの、ほぼ同様の規定をしています。

試験時間、試験条件、試料数は、設計目標品質水準や要求品質水準に応じて決定されます。故障の判定基準は、対象品の品質特性ごとに設定し、試験前後の特性変動をチェックします。故障には半導体デバイスの配線の断線やショート、酸化膜の絶縁破壊など回路として機能動作しなくなる完全な故障や、電流リーク値の増大、特性マージンの劣化といった特性変動まで様々なものがあります。これらのどこまで故障として扱うかが重要であり、故障判定基準となります。設計や製造で同じと考えられている範囲の母集団から試料を抜き取り、試験を実施します。試料の抜き取り基準は、設計目標品質水準、ユーザーの要求品質水準に応じて定められます。

信頼性の限界を把握する試験（加速限界試験）は破壊試験となります。品質保証基準に合致するか判断する試験（保証管理試験）は非破壊試験で行う等、目的によりやり方や内容が異なるので、よく認識する必要があります。

以下に、主な試験項目をストレスの種類別に紹介します（用語は規格によって多少異なります）。

(1) 耐熱・耐湿関係試験

① 熱衝撃試験（液体中）

デバイスが貯蔵中、輸送中および使用中に遭遇する可能性のある急激な温度変化への耐性を評価します。化学反応性の低い液体を低温槽と高温槽の２種類用意し、デバイスを一定時間ごとに移動させます。温度サイクル試験に比べ、温度変化が急峻なため、加速係数が大きく、短時間で構造上の弱点を検出できます。

② 温度サイクル試験（気体中）

デバイスが貯蔵中、輸送中および使用中に遭遇する可能性のある急激な温度変化への耐性を評価します。デバイスがさらされる温度を低温と高温の間で一定時間ごとに繰り返し、膨張・収縮の繰り返しに伴う構造的に弱い箇所の検出を行います。

③ 高温保存（放置）試験

長時間にわたり高温で保持した場合のデバイスの耐性を評価します。無通電で、高温状態にデバイスを置き試験します。構成材料に対する化学的な変化、膨張・収縮に伴う構造的な変化を観察します。

④　高温高湿バイアス (THB) 試験

高温高湿状態での使用および保管した場合の、パッケージの耐湿性、配線の腐食現象等に対する耐性等を評価します。高温高湿状態で、連続して電圧および電流の電気的ストレスを印加して動作させせます。

⑤　モニタードTHB試験

高温高湿状態で、デバイスの状態を連続通電しながらモニタする試験です。高温高湿状態の保管室から出してデバイス測定する間に、故障状態から正常状態に復帰してしまうことを避ける目的で行います。イオンマイグレーションの評価に適します。

⑥　高温高湿保存試験

高温高湿度状態で、使用および保存した場合の耐性を評価します。無通電で、高温高湿状態にデバイスを置き試験します。主にパッケージの吸湿性の評価を目的に行います。

(2) その他

①　静電気耐圧試験

デバイスが取り扱い中に受ける静電気に対する耐性を評価します。静電気耐圧試験には、マシンモデル (MM：Machine Model)、人体モデル (HBM：Human Body Model)、デバイス帯電モデル (CDM：Charged Device Model) の3種類が規格化されています。マシンモデルは、帯電した金属製の製造装置にデバイスが触れることによる破壊を想定します。人体モデルは、帯電した人体がデバイスに触れることが原因で破壊していることを想定します。デバイス帯電モデルは、市場や客先工程中で発生する静電破壊故障の中で人体モデルやマシンモデルでは再現できない小電流パルスによる破壊を想定します。このモデルは帯電したデバイスが導体に直接放電し破壊させる、もしくは、帯電容量の小さな導体からデバイスに直接放電し破壊させることを模擬します。

② はんだ耐熱性/はんだ付け性試験

ピン数の多い半導体デバイスでは、はんだボールを面状に配置してパッケージピンと接続するBGA (Ball Grid Array) タイプのパッケージ等が使われます。

鉛成分の毒性による環境破壊対策として鉛フリーはんだが広く用いられてきていますが、濡れ性（接着性）が従来より悪いことが知られています。そこで鉛フリーはんだによる接続は、濡れ性や物理的耐性を見極める必要があります。本試験では、はんだ付け作業時の熱により、デバイスが損傷を受けていないかを評価します。あるいは、はんだ付けにより接続されるデバイスの端子へのはんだ付けのしやすさを評価します。

2.6 設計での品質考慮

本節では設計段階で製品品質（設計品質）確保のために考慮すべき事柄を紹介します。

品質保証はこのように総合的なアプローチで実現していく必要があります。

2.6.1　劣化の考慮

2.4節で紹介した代表的な故障メカニズムの一部はデバイス性能を経時的に劣化させる特徴があります。また欠陥性の故障とは異なり、出荷試験での除去も困難とされています。そこで設計段階で予め劣化量を見積もり、プロセス変動だけでなく劣化変動に対しても余裕を持った設計にすることが必須となっています。例えばNBTIやPBTIと呼ばれる故障メカニズムは、デバイスの使用とともにトランジスタの応答が遅くなりますが、設計段階でのタイミング解析時に劣化考慮のツールオプションを使用して、使用期間中には問題が発生しないように、必要な箇所には数%のタイミングの余裕を持たせることなどが行われています。

2.6.2　安定動作の考慮

デバイスの故障率推移（バスタブ曲線）で偶発故障領域では、様々なノイズ性の故障の可能性があり、それらの低減には設計的な考慮が必要です。詳細は「はかる×わかる半導体　応用編」に譲りますが、代表的な考慮項目と対応策を表2-2に列挙します。

なお信号の品質を確保する対策は総称してシグナルインテグリティと呼ばれています。

表2-2　安定動作の考慮項目と対応策

考慮項目	内容	対応策
静電破壊	静電気などによる回路破壊	入出力回路への保護ダイオード付加による電圧パルスの吸収など
電源ノイズ	信号の同時切り替え等によるノイズ	LSI端子へのバイパスコンデンサ付加など
EMC (電磁両立性)	電磁妨害の抑止と電磁波への耐性	プリント基板配線のアンテナ化防止のレイアウトなど

2.6.3　品質のデバッグ

プリント基板設計の弱点を見つけるには、実際に出来上がった製品を使って検査することも重要です。搭載している素子の位置や向きによっても寿命の長短が異なる場合があります。FTAやFMEAでの考慮から漏れた欠陥や弱点を発見する手段として、HALT (Highly Accelerated Limit Test) が使われる例が増えています。

HALTは、製品仕様を超える強い負荷として、温度と振動のストレスを繰り返しまたはそれを複合して、製品に故障が発生するまで印加します。製品の弱点は早い段階で破壊されるので、その箇所を改良・改善して再びHALT試験を行う、という手順で製品を完成させていきます。

また、生産開始後も抜き取り検査などで同様のストレスを加え、意図しない工程ばらつきによって発生した欠陥内在ロットをスクリーニングする手法としても検討されており、この場合はHASS (Highly Accelerated Stress Screen) と呼ばれます。

序章 半導体の試験について
第1章 半導体の基礎
第2章 半導体の品質保証
第3章 半導体製品の分類
第4章 半導体の試験項目
付録

2.6.4 熱の考慮

製品は動作するときに熱が発生します。発生した熱によって部分的に温度が上昇すると、デバイスは安全動作領域（SOA：Safe Operating Area）が狭くなります。特性も温度に依存して変化し、電源回路の場合は電源品質（パワーインテグリティ）が悪化するなどの現象を引き起こします。最悪の場合は熱暴走を起こして破壊することもあります。これらの不具合現象を防止するために、プリント基板は実装密度を考慮したり、放熱面を増やしたりする設計を取り込みます。それでも不十分な場合は半導体製品のパッケージ上にヒートシンクを設置し、熱を対流で放熱させるようにします。

半導体製品の分類

Chapter 3
Product Classification

3.1 デバイスタイプ
3.2 ロジックデバイス
3.3 メモリデバイス
3.4 RF デバイス
3.5 インタフェース・デバイス
3.6 イメージャ
3.7 A/D、D/A 変換デバイス
3.8 SoC デバイス
3.9 2.5D/3D デバイス
3.10 パワーデバイス

3.1 デバイスタイプ

3.1.1 パッケージによる分類

パッケージ形状は大別して挿入実装タイプと表面実装タイプがあります。

表3-1 パッケージによる分類

実装型	リード方向	リード形状	代表例
挿入実装型	1方向	直線状	SIP (Single In-line Package)
		交互に折り曲げ	ZIP (Zigzag In-line Package)
	2方向	直線状	DIP (Dual In-line Package)
	マトリックス	針状	PGA (Pin Grid Arrary)
表面実装型	2方向	L字型	SOP (Small Outline Package)
			TSOP (Thin-Small Outline Package)
		J字型	SOJ (Small Outline J-leaded package)
		電極パッド	SON (Small Outline Non-leaded package)
	4方向	L字型	QFP (Quad Flat Package)
		J字型	QFJ (Quad Flat J-leaded package)
			PLCC (Plastic Leaded Chip Carrier)
		電極パッド	LCC (Leadless Chip Carrier)
	マトリックス	はんだボール	BGA (Ball Grid Array)
		電極パッド	LGA (Land Grid Array)

前者はプリント基板のスルーホールにデバイスのリード（ピン、端子）を挿入して、はんだ付けで固定しプリント基板内の配線パターンと接続するタイプです。後者はプリント基板表面に設けられた接続用パッドにデバイスのリードを接触させ、はんだ付けで固定しプリント基板内の配線パターンと接続するタイプです。表3-1に示すように、実装型に加えて、リード方向、リード形状の異なる様々なパッケージが使われています。詳細は1.3.3「パッケージタイプ」を参照してください。

3.1.2　処理信号による分類

処理する信号によってデバイスは2種類に分類されます。デジタルデバイス（Digital Device）は離散値を表現するデジタル信号を処理するデバイスで、論理値0と論理値1を扱う論理演算回路や論理データ記憶部に用いられます。アナログデバイス（Analog Device）は連続値を表現するアナログ信号を処理するデバイスです。その代表的な例として、増幅器（オペアンプ、Operational Amplifierと呼び、入力と出力が比例する線形の増幅器をリニアデバイス、Linear ICと呼びます）、変復調回路やアナログ/デジタル（A/D）変換回路があります。また、一部のアナログデバイスはAD/DAコンバータやCODEC（Coder-Decoder）などのデジタルとアナログが混在するので、ミックスドシグナルデバイスと称しています。

3.1.3　素子による分類

デジタルデバイスは構成素子の違いによって、バイポーラ型、MOS型とBiCMOS型に大別できます。

① バイポーラ型

バイポーラトランジスタを用いて回路構成されたデバイスです。バイポーラ（Bipolar）とは、「2つの極性」という意味があり、動作として電子と正孔の両方によることからバイポーラといいます。バイポーラデバイスは高速動作に適していますが、消費電力は大きくなります。TTL（Transistor Transistor Logic）やECL（Emitter Coupled Logic）などがその代表です。特にテキサス・インスツルメンツ社の54/74シリーズとその互換製品がTTLの大勢を占めています。74シリーズは一般工業用として0℃～70℃の範囲の動作を保証しています。54シリーズのほうは－55℃～125℃の範囲の特性が保証されています。どのシリーズにも、標準型（SN54/74）、高速型（SN54H/SN74H）、低電力型（SN54L/SN74L）、ショットキー型（SN54S/SN74S）、低電力ショットキー型（SN54LS/SN74LS）の5種類があります。

② MOS型

MOS（Metal Oxide Semiconductor）トランジスタを用いて回路構成されたデバイスです。MOS型はPMOS、NMOS、CMOSの3種類があり、その構造が簡単なため集積度が高く製造コストは低くなります。現状の半導体製品の大部分はPチャネルMOSFET（MOS Field-Effect Transistor）とNチャネルMOSFETで構成されるCMOS（Complementary MOS）製品です。その大きな利点は消費電力が小さいことです。

③ BiCMOS型

バイポーラトランジスタとCMOSトランジスタの両方を同一の

シリコン基板上に製造し、回路構成されたデバイスです。バイポーラの高速性とCMOSの低消費電力性の両メリットを生かせます。大電流を駆動したり高速に動作させたりする部分にバイポーラトランジスタを用い、集積度を高めたり消費電力を下げたりする部分にCMOSを使います。

3.1.4 機能による分類

デバイスは電子機器の様々な機能に使用されます。以下では機能による分類の一部を示します。

- CPU (Central Processing Unit)：コンピュータの中央処理装置で数値演算や論理演算を行います。
- 周辺制御デバイス：プリンタやディスク装置など周辺機器の制御を司るデバイスです。
- メモリデバイス：論理値0と論理値1の組み合わせで表現される論理データを記憶するデバイスです。
- 通信用デバイス：IEEE1394やUSBといった機器間の通信を司るデバイスやモデムや携帯電話に使用される変調・変換デバイスなどです。
- DSP (Digital Signal Processor)：画像データなど特定データをデジタルコードで高速処理させるデバイスです。
- CODEC (Coder-Decoder)：音声や画像のアナログデータをデジタルデータに変換やその逆を行うデバイスです。
- LCD (Liquid Crystal Display) ドライバ：周辺制御デバイスに属します。液晶モニタ表示制御デバイスです。
- SoC (System-on-a-Chip)：複数のデバイス機能で構成されるシステムを1つのチップ上で実現させたデバイスです。システム

LSIとも呼ばれています。

・GPU（Graphics Processing Unit）：2次元・3次元描画などの画像処理に必要な演算に特化したデバイスです。非常に多くの演算ユニットから構成されるメニーコアプロセッサです。

3.1.5 集積度による分類

集積回路は構成部品（素子とも呼びます）の集積度によって

・小規模集積回路（Small Scale Integration：SSI）：2～100素子

・中規模集積回路（Medium Scale Integration：MSI）：100素子以上

・大規模集積回路（Large Scale Integration：LSI）：1000素子以上

・超大規模集積回路（Very Large Scale Integration：VLSI）：10万素子以上

・超々大規模集積回路（Ultra Large Scale Integration：ULSI）：1000万素子以上のように分類されます。

3.2 ロジックデバイス

ロジックデバイスを構成する回路として、組合せ回路と順序回路があります。

3.2.1 組合せ回路

組合せ回路は、現在の入力に対して現在の出力が一意的に決まる回路のことです。その例として、加算器、比較器、エンコーダ、デコーダやマルチプレクサーなどが挙げられます。組合せ回路は、ゲートと呼ばれる基本論理素子を相互接続することによって構成されます。

図3-1の(1)と(2)はそれぞれゲートの例としてANDゲートとEORゲートの論理式、記号、真理値表(論理機能を示す表のこと)を、また図3-1の(3)と(4)はそれぞれANDゲートとEORゲートで構成される半加算器の論理回路図と真理値表を示しています。図3-1 (1)に示すように、ANDゲートは2つの入力AとBを持ち、AとBのどちらも1のときにのみ出力Yが1になる論理積の機能を実現しています。図3-1 (2)に示すように、EORゲートは2つの入力AとBを持ち、AとBが反対の論理値を取るときにのみ出力Yが1になる排他的論理和の機能を実現しています。

ANDゲートとEORゲートを図3-1 (3)のように接続すると、2つの1ビットの入力AとBに対してその加算結果Sと桁上がりCを出力する半加算器になります。半加算器の論理機能を表にすると、図3-1 (4)に示す真理値表になります。

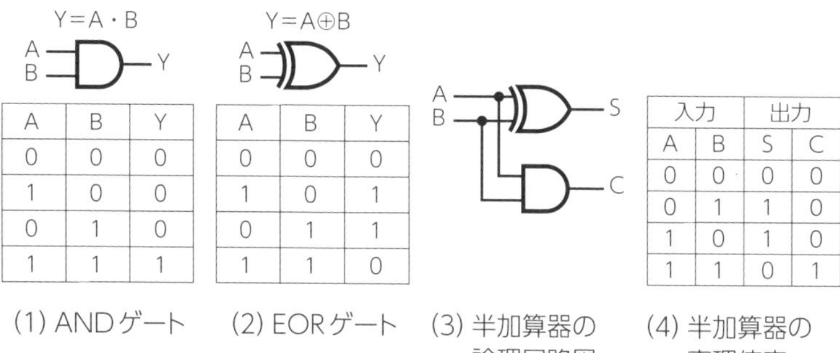

A	B	Y
0	0	0
1	0	0
0	1	0
1	1	1

(1) ANDゲート

A	B	Y
0	0	0
1	0	1
0	1	1
1	1	0

(2) EORゲート

(3) 半加算器の論理回路図

入力		出力	
A	B	S	C
0	0	0	0
0	1	1	0
1	0	1	0
1	1	0	1

(4) 半加算器の真理値表

図3-1　ゲートと組合せ回路の例

組合せ回路は一般に複数のゲート（基本論理素子）とそれらを繋ぐ配線で構成されます。ゲートの入力が変化してから出力が変化するまでに、ほんの少しの時間がかかります。これをゲート遅延といいます。また、配線が信号を伝えるのにも時間がかかります。これを配線遅延といいます。そのため、組合せ回路の入力が変化してから出力が変化するまでに時間がかかります。この時間が短いほど回路動作が速くなります。

3.2.2　順序回路

順序回路は、過去の入力によって決まる現在の状態と現在の入力によって、現在の出力が決まる論理回路（論理値0と論理値1を扱うデジタル回路）のことです。その例として、カウンタやレジスタなどが挙げられます。

順序回路を実現するために必要不可欠な基本論理素子が、入力された状態を記憶・保持するフリップフロップ（Flip-Flop）です。代表的なフリップフロップとして、RSフリップフロップ、JKフリップフロップ、Tフリップフロップ、Dフリップフロップなどがあります。

図3-2はDフリップフロップを示しています。DフリップフロップはDとCKという入力端子と、Qと$\bar{Q}$という出力端子を持ち、CKに入力されたクロックパルスの立ち上がり（↑）のタイミングで、Dの入力を記憶します。したがって、立ち上がりエッジが再びCKへ入力されない限り、Dの入力が変化しても記憶した値を保持します。

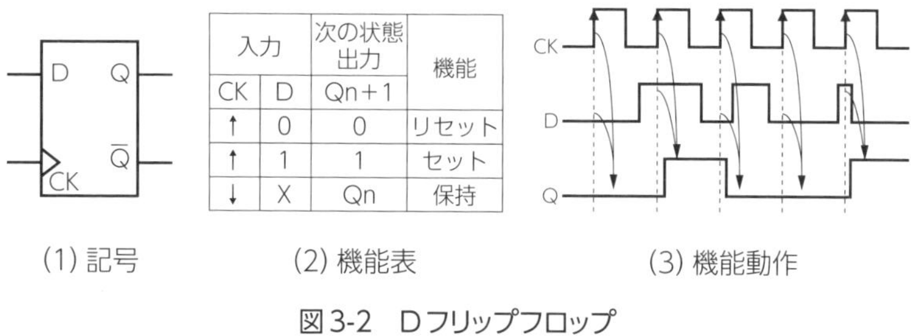

入力		次の状態出力	機能
CK	D	Qn+1	
↑	0	0	リセット
↑	1	1	セット
↓	X	Qn	保持

(1) 記号　(2) 機能表　(3) 機能動作

図3-2　Dフリップフロップ

順序回路はフリップフロップに加えて次の状態および外部出力値を得るための演算を行う組合せ回路で構成されます。その一例として、図3-3は3つのDフリップフロップで構成される8進カウンタ（図3-3の（1）と（2））とその機能動作（図3-3（3））を示しています。

図3-3（1）の非同期式構成では、DフリップフロップD-FF0のクロックピンCLKに入力されたパルスを数える機能を持っています。D-FF0の出力$\bar{Q}$が入力Dに接続されているので、クロックピンCLKに入力されたパルスの立ち上がりのタイミングで出力Qの値が反転します。このようなトグル動作をするように接続されたDフリップフロップを3つ直列に繋げれば、図3-3（3）に示すような機能動作をします。つまり、DフリップフロップD-FF0、D-FF1、D-FF2の出力OUT_D0、OUT_D1、OUT_D2で表現される8進数〈OUT_D2、OUT_D1、OUT_D0〉がカウントアップされます。しかし、非同期式構成は、各フリップフロップの遅延時間の和が全体の遅延時間となるため、高速動作には向きません。図3-3（2）の同期式構成では、内部の下位ビットから上位ビットまでのすべてのフリップフロップをクロックで同期させることにより、カウンタの出力の各ビットを同時に変化させているため、カウンタの動作が高

速になります。同期方式の欠点としては、消費電力が非同期式と比べ高いことが挙げられます。

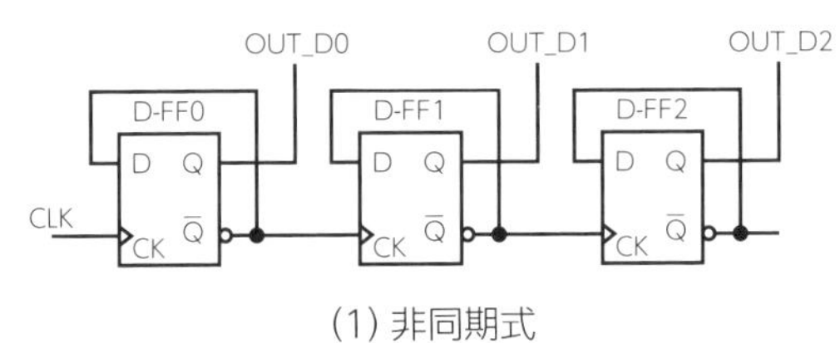

(1) 非同期式

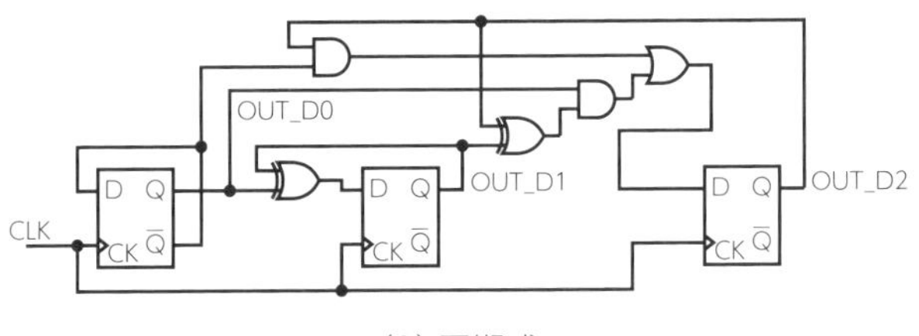

(2) 同期式

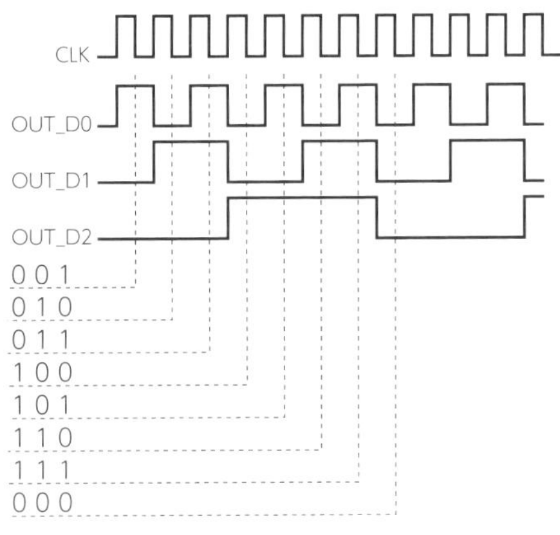

(3) 機能動作

図 3-3　8 進カウンタ

フリップフロップにデータ信号を入力する場合、クロック信号の立ち上がり（または立ち下がり）でそのタイミングを指示します。そこで、順序回路の設計においては、全体の機能だけではなくすべてのフリップフロップではセットアップ時間（Setup Time）とホールド時間（Hold Time）が守られていることも必要です。セットアップ時間は、確実にデータ信号を入力するためには、クロック信号に先立ってあらかじめ入力データ信号を発しておき、その状態を保持しておかなければならない最少時間のことです。また、ホールド時間は、クロック信号がきた後もしばらく入力データ信号の状態を維持する必要があり、そのために必要となる最少の時間のことです。

3.3 メモリデバイス

メモリデバイスとは、論理値0と論理値1を記憶するメモリセルを集積化したデバイスのことで、論理値の組み合わせで表現されるコンピュータプログラムやデータを記憶・保持するために必要なものです。

メモリデバイスには、揮発性と不揮発性の2種類があります。揮発性とは、メモリデバイスの電源を切るとメモリセルが保持していたすべてのデータが失われることを意味します。揮発性メモリデバイスとしては、SRAM、DRAM、EDO DRAM、シンクロナスDRAM、DDR-SDRAM、ラムバスDRAMなどがあります。一方、不揮発性とは、メモリデバイスの電源を切っても記憶しているすべてのデータが保持されることを意味します。不揮発性メモリデバイスには、データ読み出し専用タイプのものとデータ書き換え可能なタイプのものがあります。前者のタイプにはマスクROMがあり、後者のタイプはPROM (Programmable ROM) (EEPROM、フラッシュメモリ等) があります。なお、これらの様々なメモリのアクセス回路は同じで、データを記憶するメモリセルが異なるだけです。表3-2は代表的なメモリデバイスの特徴を示しています。

表3-2　代表的なメモリデバイスの特徴

(1) 揮発性メモリ

種類	用途	リフレッシュ	容量	速度	電力
SRAM	キャッシュメモリ等	不要	小	速い	大
DRAM	メインメモリ等	必要	大	遅い	小

(2) 不揮発性メモリ

<table>
<tr><th colspan="2">種類</th><th>書き込み</th><th>データ消去</th></tr>
<tr><td colspan="2">マスクROM</td><td>製造時に可</td><td>不可</td></tr>
<tr><td rowspan="4">PROM</td><td>OTROM</td><td>1度だけ可</td><td>遅い</td></tr>
<tr><td>EPROM</td><td>繰り返し可</td><td>遅い</td></tr>
<tr><td>EEPROM</td><td>繰り返し可</td><td>遅い</td></tr>
<tr><td>フラッシュメモリ</td><td>繰り返し可</td><td>遅い</td></tr>
</table>

3.3.1 DRAM (Dynamic Random Access Memory)

DRAMは、1つのコンデンサをメモリセルに用い、それに蓄えられた電荷の有無を論理値0、論理値1に対応させることによりデータを記憶します。DRAMは、その大容量、低価格、高密度性により、各種情報機器におけるデータ保持に広く使用されています。

(1) 内部構成

図3-4は4Mワード・ワード幅4ビットのDRAMの内部構成を示しています。

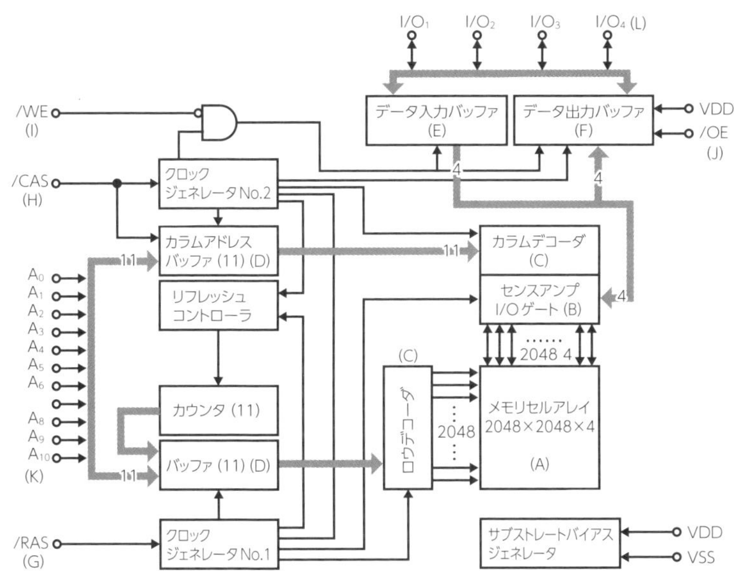

図3-4　DRAMの内部構成

(A) メモリセルアレイ部：メモリセルが配置されている部分。

(B) センスアンプI/Oゲート部：データ読み出し時、メモリセルのセルキャパシタに蓄えられた微小な電位差を増幅する部分。単に「センスアンプ」と呼ばれることもあります。

(C) ロウデコーダおよびカラムデコーダ部：入力されたアドレスに対応するメモリセルを選択する部分。

(D) ロウアドレスバッファおよびカラムアドレスバッファ部：入力されたアドレスを一時的に記憶する部分。

(E) データ入力バッファ部：入力データを一時的に記憶する部分。

(F) データ出力バッファ部：読み出しデータの出力を制御する部分。

(G) /RAS (ロウアドレスストローブ) 信号：ワード線を選択するロウアドレスをラッチする信号です。ロウアドレスは、アドレスピン (A_0 から A_{10}) に入力され、/RASの立ち下がりエッジのタイミングでラッチされます。DRAMの動作は、この/RASの立ち下がりエッジから始まります。

(H) /CAS (カラムアドレスストローブ) 信号：ビット線を選択するカラムアドレスをラッチする信号です。また、データの入力バッファおよび出力バッファの制御も行います。

(I) /WE (ライトイネーブル) 信号：データの読み出しおよび書き込み動作を制御する信号です。

(J) /OE (アウトプットイネーブル) 信号：読み出しデータの出力を制御する信号です。

(K) A_0 ～ A_{10}：アドレス入力ピンです。4Mワードのアドレスを表すために11本のアドレスピンが必要です。4Mワードは、2の22乗 ($=2^{22}$) で表され、22本のアドレスピンが必要になりますが、DRAMは、アドレスマルチプレクス方式を採用しているため、22本の半分である11本のアドレスピンで十分です。

(L) I/O_1 ～ I/O_4：データ入出力ピンです。

(2) メモリセル

DRAMのメモリセルは、論理値0、論理値1を記憶する1つのセルキャパシタ (約40fF程度の非常に容量の小さなコンデンサ) とそのセルキャパシタを選択するための1つのスイッチングトランジスタで構成されています。図3-5 (1) に示すように、DRAMのメモリセルは2素子で構成されているので、集積度を上げることができます。図3-5 (2) は4MビットDRAMのメモリセル構成を示しています。

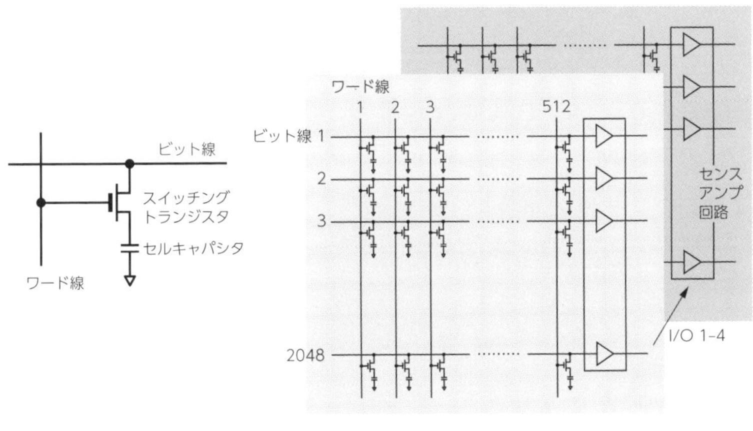

(1) メモリセル構造の等価回路

(2) 4MビットDRAM (ビット構成) のメモリセル構造

図3-5　DRAMのメモリセル

(3) リフレッシュ

DRAMのメモリセルのセルキャパシタに蓄えられた電荷は時間とともにリーク電流となって失われるため、データを短時間しか保持できません。そこでデータを保持するためには定期的にメモリセルにデータを再書き込み（リフレッシュ）する必要があります。リフレッシュは、センスアンプI/Oゲート内部にあるセンスアンプ回路による信号増幅作用を利用して、ワード線単位で行われます。1M DRAMの場合、1ワード線あたり2048個のメモリセルがあり、1回のリフレッシュサイクルで、2048個のメモリセルが同時にリフレッシュされます。リフレッシュサイクルごとに選択するワード線を変更していくことにより、全メモリセルをリフレッシュすることができます。ワード線を選択するということは、それに対応するロウアドレスを入力することを意味します。つまり、リフレッシュのために、ロウアドレスが入力される必要があります。

ロウアドレス入力には、外部から入力する方法とDRAM内部で発生する方法の2通りがあります。前者は、RASオンリーリフレッシュと呼ばれ、後者は/CASビフォア/RASリフレッシュと呼ばれています。後者の場合、DRAM内部のリフレッシュカウンタと呼ばれる回路が、リフレッシュのためのロウアドレスを発生します。

(4) 基本タイミング

DRAMには、図3-6に示すように、リードサイクルとライトサイクルという2つの基本サイクルがあります。

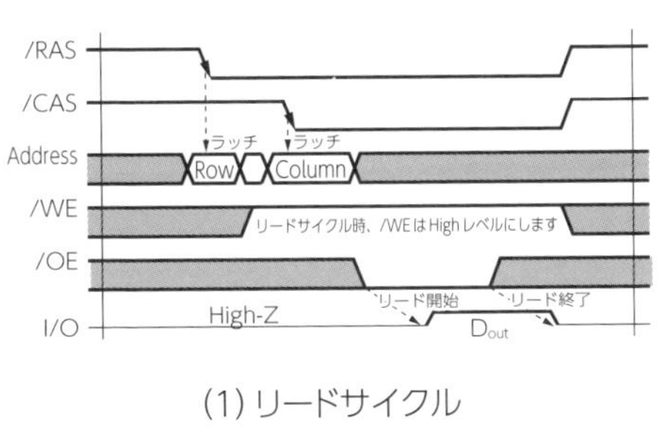

(1) リードサイクル

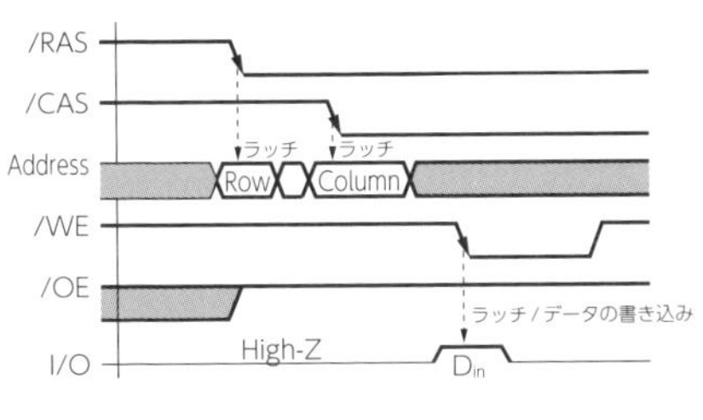

(2) ライトサイクル

図3-6　DRAMの基本タイミング

(5) リードサイクル

DRAMからデータを読み出すためのサイクルです。ロウアドレス (Row) とカラムアドレス (Column) を時分割で入力し、/RAS信号と/CAS信号の立ち下がりのタイミングエッジでロウアドレスとカラムアドレスをそれぞれラッチします。この操作により、読み出されるメモリセルが選択されます。/OE信号をLowレベルにしている間、選択されたメモリセルからデータが読み出され、I/Oピンからデータが出力されます (Dout)。リードサイクルでは、/WE信号をHighレベルにします。

(6) ライトサイクル

DRAMへデータを書き込むためのサイクルです。ロウアドレス(Row) とカラムアドレス (Column) を時分割で入力し、/RAS信号と/CAS信号の立ち下がりのタイミングエッジでロウアドレスとカラムアドレスをそれぞれラッチします。この操作により、書き込まれるメモリセルが選択されます。/WE信号の立ち下がりタイミングエッジで、選択されたメモリセルへデータを書き込みます。書き込みデータは、I/Oピンを通じて入力します (Din)。ライトサイクルでは、/OE信号はHighレベルにします。

3.3.2 SDRAM (Synchronous Dynamic Random Access Memory)

SDRAM (シンクロナスDRAM) は、システムバスに同期して動作するDRAMのことです。従来のDRAMのインタフェースは非同期式であり、タイミングチャートが複雑でタイミング設計が容易ではないという欠点がありました。これに対して、SDRAMのインタフェースは同期式であり、制御入力に応答する前にクロック信号を待つため、コンピュータのシステムバスに同期して動作します。クロックは入ってくる命令をパイプライン化する内部の有限状態機械を駆動するのに使われます。そのためSDRAMのチップは非同期DRAMよりも複雑な操作パターンを持つことができ、より高速に動作できます。SDRAMはランダムアクセス時間を秒単位ではなくクロック数で表すことにより、タイミングがすべてクロック数で表現されるため、タイミング設計が容易になります。

なお、標準のSDRAMに対して、DDR-SDRAM (Double Date Rate SDRAM) とLPDDR-SDRAM (Low-Power Double Date Rate

SDRAM）があります。標準のSDRAMでは、システムクロックの立ち上がり時にデータの入出力を行うのに対し、DDR-SDRAMでは、システムクロックの立ち上がり時および立ち下がり時にデータの入出力を行います。そのため、標準のSDRAMに比べて、データ転送速度は2倍速くなります。また、LPDDR-SDRAMの電源電圧は、DDR-SDRAMの2.5V/2.6Vに対し、1.8V以下となっています。電圧を下げることで消費電力を抑えることができ、主としてスマートフォンなどのモバイル機器向けとして利用されています。

3.3.3　SRAM (Static Random Access Memory)

SRAMは、DRAMに次いで一般的なメモリデバイスです。SRAMは、1つのフリップフロップ回路をメモリセルに用い、このフリップフロップ回路の2つの安定状態を論理値0、論理値1に対応させることによりデータを記憶します。SRAMのメモリセルはフリップフロップ回路でできているため、所定の電源電圧が与えられている限りデータは保持され、DRAMのようなリフレッシュは不要です。また、SRAMはDRAMに比べて高速アクセスが可能です。これらの特徴により、SRAMは、コンピュータのキャッシュメモリ、各種バッファメモリ、ポータブルデジタル機器用メモリやバックアップ電池と組み合わせたデータ保存用メモリとして利用されています。

(1) 内部構成

図3-7は32K8ビット（= 256Kビット）SRAMの内部構成を示しています。

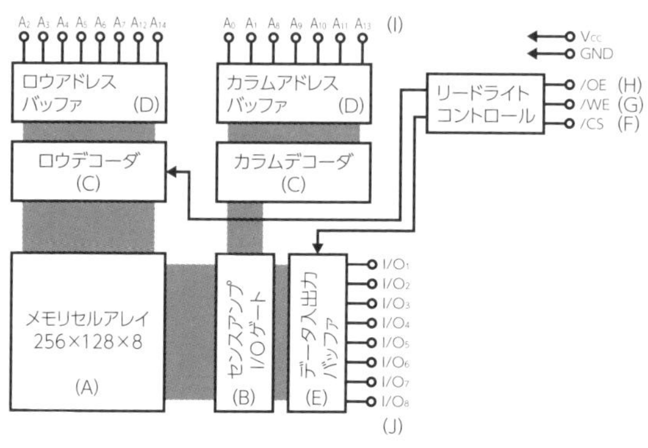

図3-7　SRAMの内部構成

(A) メモリセルアレイ部：メモリセルが配置されている部分。

(B) センスアンプI/Oゲート部：データ読み出し時、メモリセルに蓄えられた微小な電位差を増幅する部分。

(C) ロウデコーダおよびカラムデコーダ部：入力されたロウアドレスおよびカラムアドレスに対応するメモリセルを選択する部分。

(D) ロウアドレスバッファおよびカラムアドレスバッファ部：入力されたロウアドレスおよびカラムアドレスをSRAM内部に一時的に記憶する部分。

(E) データ入出力バッファ部：書き込みデータの入力や読み出しデータの出力を制御する部分。

(F) /CS (チップセレクト) 信号：SRAM動作を制御する信号です。/CSがLowレベルのとき、SRAMは通常のリードライト動作が可能です。/CSがHighレベルのとき、SRAMは、スタンバイ状態 (データ保持モード) になります。スタンバイ状態のときには、

SRAMの消費電力が非常に小さくなります。

(G) /WE (ライトイネーブル) 信号：データの読み出しおよび書き込み動作を制御する信号です。

(H) /OE (アウトプットイネーブル) 信号：読み出しデータの出力を制御する信号です。

(I) A_0 ～ A_{14}：アドレス入力ピンです。32Kワードは、2の15乗 (= 2^{15}) で表されるため、15本のアドレスピンが必要になります。

(J) I/O_1 ～ I/O_8：データ入出力ピンです。8ビット構成の場合、I/Oピンが8本あります。

(2) メモリセル

SRAMのメモリセルは、図3-8に示すように、1つのフリップフロップ回路とデジタルデータの入出力のための2つのスイッチングトランジスタで構成されています。フリップフロップ回路には、CMOS型の場合、4個のトランジスタが使われており、メモリセル1個あたり合計6個のトランジスタが必要です。1つのワード線に接続されている2つのスイッチングトランジスタは、同時にON/OFFする仕掛けになっています。1個のメモリセルが2本のビット線 (dおよび/d) に接続されているのは、データの書き込みおよび読み出しを効率よく行うためです。

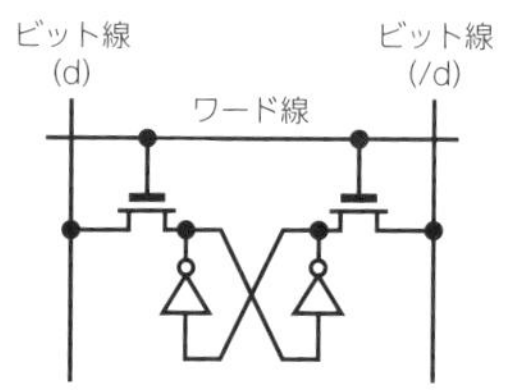

2つのインバータの出入力を交差接続して、フリップフロップ回路を構成している、高抵抗負荷型とCMOS型がある

SRAMメモリセルの等価回路

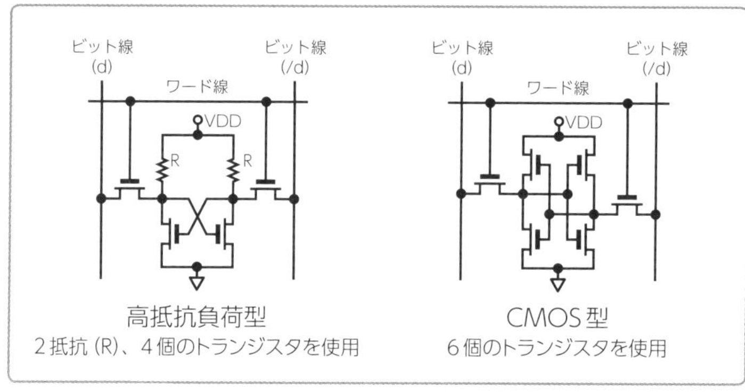

図3-8　SRAMのメモリセル

(3) 基本タイミング

SRAMには、図3-9に示すように、リードサイクルとライトサイクルという2つの基本サイクルがあります。

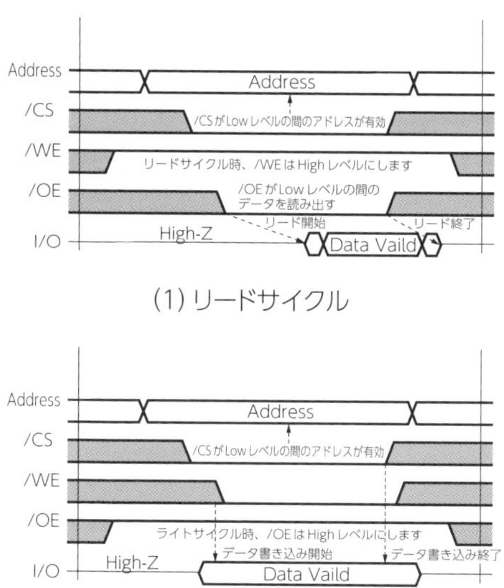

(1) リードサイクル

(2) ライトサイクル

図3-9　SRAMの基本タイミング

・リードサイクル：/CS信号がLowレベルの間に入力されたアドレス値によって、メモリセルが選択されます。/CS信号をLowレベルにしたままの状態で、/OE信号をLowレベルにし、かつ、/WE信号をHighレベルの状態にすることにより、I/Oピンからデータを読み出すことができます。

・ライトサイクル：/CS信号がLowレベルの間に入力されたアドレス値によって、メモリセルが選択されます。/CS信号をLowレベルにしたままの状態で、/WE信号をLowレベルにし、かつ/OE信号をHighレベルの状態にすることにより、I/Oピンを通じて、選択されたアドレスのメモリセルにデータを書き込むことができます。データの書き込みの開始タイミングは、/CS信号の立ち下がりタイミングエッジと/WE信号の立ち下がりタイミングエッジのどちらか遅い方になります。また、データの書き込みの終了タイミングは、/CS信号の立ち上がりタイミングエッジと/WE信号の立ち上がりタイミングエッジのどちらか早い方になります。

3.3.4 SSRAM (Synchronous Static Random Access Memory)

SSRAMはSDRAMと同様に、すべての入力(アドレス、制御信号、データ)が、クロック信号の立ち上がりのタイミングでSSRAM内部のレジスタに取り込まれ保持されます。これによって高速なアクセスを実現しています。SSRAMは汎用SRAMと同様に、コンピュータシステムのキャッシュメモリやスイッチやルータのようなネットワーク機器のメモリとして使われます。SSRAMには、パイプラインバースト動作型、Late-Write型およびZBT (Zero Bus Turnaround) 型の3種類があります。主な違いは、ライトサイクルからリードサイクルへ移行する間に必要なダミーサイクル(オーバヘッド期間)の数です。そのダミーサイクル数は、パイプラインバースト動作型では2サイクル、Late-Write型では1サイクル、ZBT (Zero Bus Turnaround) 型では0サイクルです。

3.3.5 マスクROM (Mask Read-Only Memory)

マスクROMは読み出し専用メモリのことです。データは製造段階でマスクパターンによってシリコンウェーハ上に生成されます。データは、書き替える必要のない情報、例えば、ゲームソフトのプログラムや文字フォントなどの固定データなどであり、そのマスク

ROMを使用するユーザーの要求に応じて決められます。マスクROMは製造工程が簡単で低価格です。

3.3.6 PROM (Programmable Read-Only Memory)

マスクROMの場合、製造時に情報を記録しますが、PROM (Programmable ROM) の場合、製造時に情報を書き込まず、ユーザーがROMライタという装置を使って記録を行います。ROMライタは、特定ピンに高電圧を加え、PROMにデータを書き込みます。ここではまず、OTPROMとEPROMの2種類のPROMについて紹介します。

・OTPROM (One Time PROM)：一度だけ情報を書き込めるようにした読み出し専用メモリです。一度記録を行うと、通常のROMと同じように書き込まれたデータの変更や削除はできません。なお、OTPROMはEPROMチップを窓のないプラスチックパッケージに入れたものです。

・EPROM (Erasable Programmable ROM) または紫外線消去型PROM (UVEPROM)：電気的にデータを書き込むことが可能なPROMです。しかし、OTPROMと異なり、EPROMのパッケージの背にある窓に紫外線を一定時間照射することにより、書き込まれている情報を消去することができます。メモリセルは、1個のトランジスタで構成されており、大容量化が可能です。

3.3.7 EEPROM (Electrically Erasable Programmable Read-Only Memory)

EEPROMは、電気的にデータを書き込めるだけでなく、電気的にデータを消去することもできる PROMです。書き込みに使用する高電圧はEEPROM内部で発生させるため、外部から高電圧を加える必要がありません。そのため、単一電源のみで使用することができます。また、高電圧を必要としないため、システムに組み込まれたままの状態でもデータの書き換えが可能です。メモリセルは2個のトランジスタから構成されています。また、1バイト単位でデータを書き換えることができるという特徴があります。EEPROMの書き換え回数は10万回程度です。また、データ保持期間は、おおよそ10年間程度です。EEPROMはイースクエアピーロム（E^2PROM）と呼ばれることもあります。

3.3.8 フラッシュメモリ（Flash Memory）

フラッシュメモリは何度でも電気的にデータの消去と書き込みができるEEPROMの一種です。EEPROMは、1バイト単位で読み書きを行うことができますが、フラッシュメモリは一括またはブロック（セクタともいう）単位でデータを消去した後、新たにデータを書き込むことができるという特徴があります。また、単一電源で動作するため、システムに組み込まれた状態のままでデータの書き換えが可能です。フラッシュメモリには、NAND型とNOR型の2つのタイプがあります。

(1) メモリセル

図3-10に示すように、フラッシュメモリのメモリセルは、1個のスタックドゲート型 MOSトランジスタで構成されています。このトランジスタには、フローティングゲート（浮遊ゲートとも呼ぶ）と呼ばれる電荷を蓄積したり放出したりする特別な層があります。蓄積されている電荷の量によりフローティングゲートの電位が

変化します。このトランジスタのコントロールゲートに電圧V_{CG}（例えば5V）を印加したとき、フローティングゲートの電位によりV_DからV_Sへ電流I_dが流れたり流れなかったりします。電流I_dが流れる状態を導通状態といい、電流I_dが流れない状態を非導通状態といいます。フラッシュメモリのメモリセルは、導通状態を論理値1に、非導通状態を論理値0に対応させています。フローティングゲートは周囲が絶縁体で囲まれており、フローティングゲートに蓄えられた電荷を長期間（10年間程度）にわたって保持することができます。

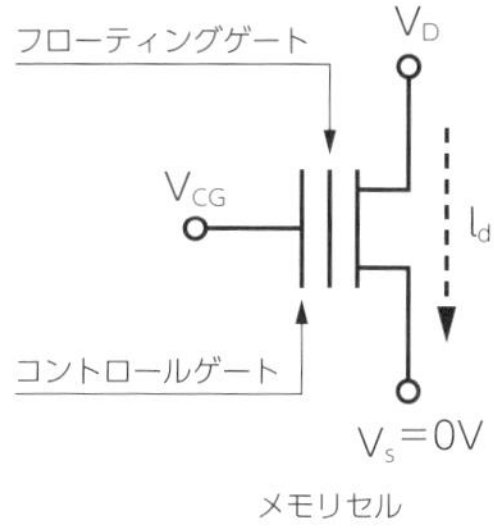

図3-10　フラッシュメモリのメモリセル

なお、1つのセルの浮遊ゲートにある電子の蓄積量、つまり電荷の量が“Hi”か“Low”かで1ビットの情報を記録する方式をSLC（Single Level Cell）と呼びます。また、電荷の量の違いを4つ以上の多値で判断することで2ビット以上を記録する方式をMLC（Multi Level Cell）と呼びます。

フラッシュメモリでは、データの消去と書き込みが以下のように行われます。

・データの消去 (Erase)：フラッシュメモリの消去動作とは、メモリセルのデータを論理値0から論理値1にすることです。消去動作は、フローティングゲートの電位を「正」(電荷が少ない状態) にして、メモリセルトランジスタを導通状態 (論理値1) にします。

・データの書き込み (Program)：フラッシュメモリへの書き込み動作とは、メモリセルの論理値1から論理値0にすることです。書き込み動作は、フローティングゲートの電位を「負」(電荷が多い状態) にして、メモリセルトランジスタを非導通状態 (論理値0) にします。

(2) NAND型フラッシュメモリ

NAND型フラッシュメモリのメモリセルは、シリコン基板上のP型半導体層を挟み込むようにソースとドレインとなる2つのN型半導体部分を作り、そのP型の上にトンネル酸化膜と呼ばれる薄い層を経てポリシリコン製の浮遊ゲートを作り、さらにその上に制御ゲートを置きます。浮遊ゲート内の電子は、浮遊ゲートを覆う絶縁体により保持されるため、電源を供給することなくデータを数年間程度保持することができます。データ消去はブロック単位で行われ、消去動作はP型半導体層に電圧をかけて浮遊ゲートから電子を引き抜くことで行われます。データの書き込みは、量子トンネル効果により電子を浮遊ゲート内に注入することで行われます。書き込みはページ単位で行われ、同一ページ内のすべてのセルに対して、同時に制御ゲートに書き込み電圧を印加することで書き込み動作が行われます。

NAND型フラッシュメモリの特徴としては、低コストであることや連続したアドレスへの書き込み/消去が速いことが挙げられます。NAND型フラッシュメモリは、スマートフォンの画像データ格納用メモリカードや家庭用ゲーム機などのメモリカード、PDAなどの小型電子機器のデータ記憶用メモリカードなどに使用されています。

(3) NOR型フラッシュメモリ

NOR型フラッシュメモリのメモリセルは、EPROMと同様に1個のスタックドゲート型MOSトランジスタで構成されています。その特徴としては、大容量化が可能であることやランダムにデータを読み出す時間が速いことが挙げられます。NOR型フラッシュメモリは、パソコンのBIOS (Basic Input/Output System) 用メモリ、スマートフォン、ルータ、プリンタ、ハードディスクなどの機器の制御用メモリなどに利用されています。

3.3.9 次世代メモリ

フラッシュメモリ、DRAM、SRAMを代価する位置づけの新しい不揮発性メモリ　ReRAM、PCM、MRAM、FeRAMが産業界・研究所・大学で活発に研究開発され実用化されています。不揮発性メモリはフラッシュメモリのように電源を切ってもデータの値が保持され、揮発性メモリはDRAM、SRAMのように電源をきるとデータの値の情報は消えてしまうメモリです。

(1) ReRAM (Resistive Random Access Memory)

ReRAMは電圧の印加による電気抵抗の変化を利用したメモリデバイスです。抵抗変化型メモリなどとも呼ばれ、RRAMとも表記します。なお、RRAMはシャープの登録商標です。図3-11はReRAMのメモリセルを示しています。

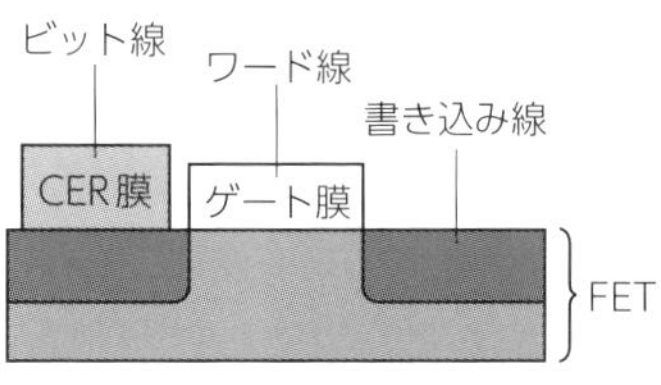

図3-11　ReRAMのメモリセル

ReRAMは電圧印加による電気抵抗の大きな変化（電界誘起巨大抵抗変化、CER (Colossal Electro-Resistance) 効果）を利用しているため、以下のデバイスとしての利点があります。

・電圧で書き換えるため（電流が微量で）消費電力が小さいです。
・比較的単純な構造のためセル面積が小さく、高密度化が可能なため、低コスト化が実現できます。
・電気抵抗の変化率が数十倍にも上り、多値化も容易にできます。
・読み出しがDRAM並みに速いです。

(2) PCM (Phase Change Memory) 相変化メモリ

相変化記録技術を利用した不揮発性メモリであり、組み込み用大容量メモリとして使用されます。メモリセルはGST（ゲルマニウム・アンチモン・テルルのカルコゲナイド合金）等で構成され、急速な加熱・冷却制御により単結晶と多結晶になる性質が利用され、デジタルデータの1，0が実現されます。フラッシュメモリに比べて、1ビットごとにデータを書き込め、高密度化しやすく寿命が長いという長所があります。熱に弱いという課題もあります。実用化上はDRAM等の従来の半導体製造プロセスと共通点が多く、既存の設備を流用しやすい利点があります。

(3) MRAM (Magneto-resistive Random Access Memory)
磁気抵抗メモリ

磁気トンネル接合を構成要素とする不揮発性メモリです。SRAMに比べてセル面積が小さく待機時に消費電力が少なく、フラッシュメモリに比べ高速書き換え可能です。ソニーのFeliCaで採用されています。マイクロプロセッサやSoC内のキャッシュメモリとしての使用が期待されています。一方周囲の磁界の影響を受けるという課題もあります。

(4) FeRAM (Ferro-electric Random Access Memory)
強誘電体メモリ

強誘電体のヒステリシスによる正負の残留分極をデジタルデータの1と0に対応させた不揮発性メモリです。FeRAMセルには強誘電体を用いたキャパシタが使用されています。フラッシュに比べて大容量化・小型化の観点では劣るが、高速読み書きが可能、書き込み回数に事実上制限がない、低消費電力であるという利点をもちます。また従来の半導体プロセスと相性が良い等でスマートメーター、ドライブレコーダ、ICカード、RFID等に普及しています。

3.4 RFデバイス

3.4.1 RFデバイスについて

RFとはRadio Frequency（ラジオ周波数）のことで、元々はラジオに使用されているキャリア（搬送波）の周波数を意味していましたが、現在では3kHzから3THzまでの周波数の総称として使用されています（図3-12）。

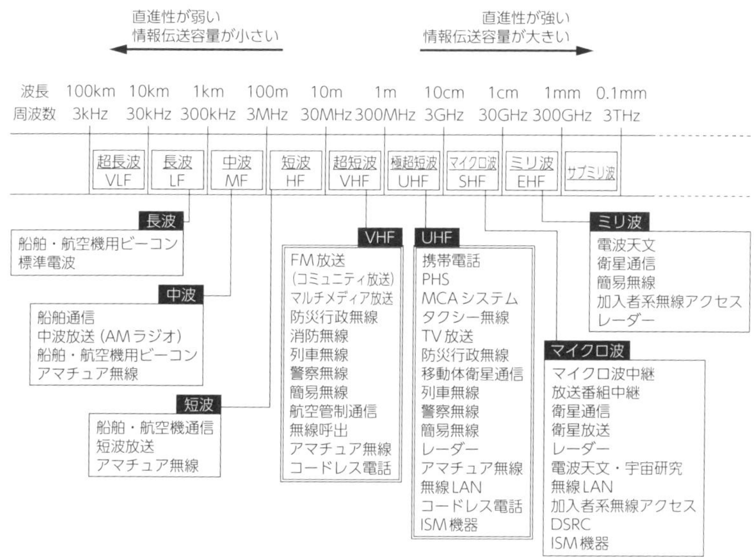

図3-12　電波の種類と利用分野

（出典：総務省電波利用ホームページ）

RFデバイスとして使用する場合は高周波デバイスと同義で使用されますが、1GHzから3GHzの高周波領域のデバイスをRFデバイス、3GHz以上をマイクロ波デバイス（Microwave Devices）と呼んで区別することもあります。用途としては衛星通信、携帯電話に加えて、近年では無線データ通信での用途が拡大しています。

RFデバイスは受動素子と能動素子に分けることができ、受動素子としては高周波フィルタがあります。一方、能動素子としては、シリコンやゲルマニウムの単元素半導体と、2種類の元素から成る化合物半導体があります。化合物半導体には、電子デバイスと光デバイスがあり、そのうち電子デバイスにはシリコン半導体よりも高出力と高周波に向いた化合物半導体が利用されています。図3-13に、代表的な化合物半導体とシリコン半導体の出力特性と高周波特性、およびその特性に応じた応用領域を示します。

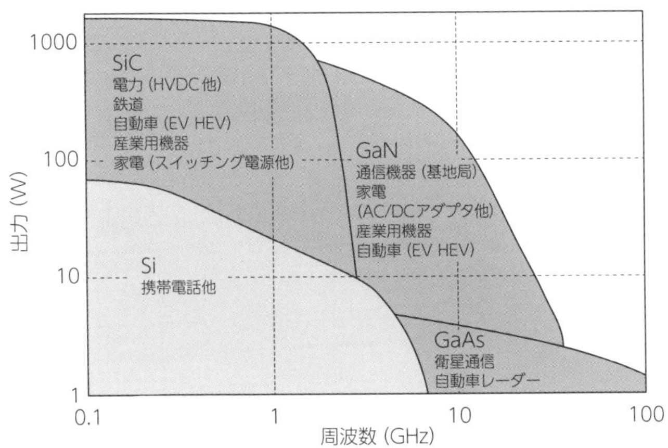

図3-13　シリコンと化合物半導体の出力と周波数による応用領域マップ図

また、図3-14にRFデバイスのカットオフ周波数（動作限界周波数、出力電力が通常周波数帯域の2分の1となる周波数で表す）の推移を示しますが、CMOSの微細化により無線通信システムで用いられている化合物半導体は、性能面とコスト面からシリコン半導体に置き換えられつつあります。特に携帯電話等の無線通信システムでは、高集積化の流れをCMOSが一手に担っています。

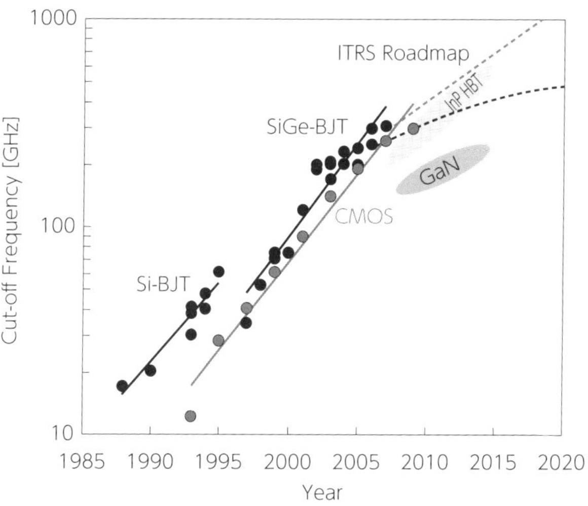

図3-14　RFデバイスのカットオフ周波数の推移

（出典：岡山県立大学集積回路工学研究室ホームページ）

以下では無線トランシーバ回路を例としてRFデバイスについて説明します。

3.4.2 無線トランシーバ回路の基礎

トランシーバ(transceiver)とは、送信機を表すtransmitterと受信機を表すreceiverを合わせた造語で、当初はアナログ信号を使用していましたが、今ではデジタル信号の使用が主流となっています。このデジタル化によって、高効率変調・符号化技術、多重化技術、誤り訂正技術などの利用が可能となり、波形の歪みやノイズに強い通信が可能になっています。

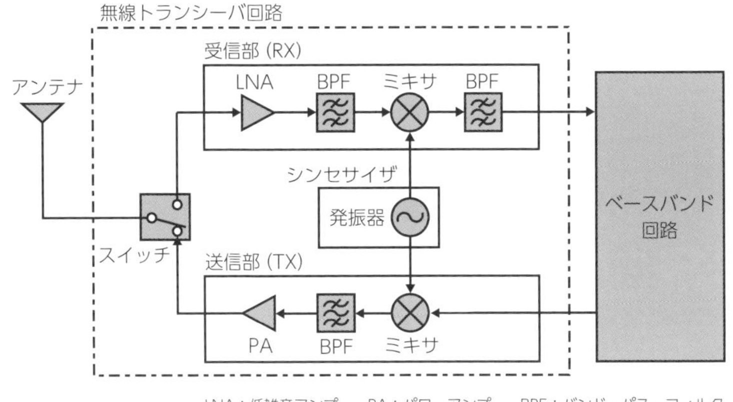

図3-15　無線トランシーバ回路の基本構成例

無線トランシーバ回路の基本的な構成例を図3-15に示します。無線トランシーバ回路は、送信部(TX)と受信部(RX)に加えて、送受信切り替えのためのスイッチと送受信の周波数を決定するシンセサイザからなります。以下にそれぞれの部分について説明します。

(1) 送信部

ベースバンド回路（信号処理のベースとなる周波数帯の信号を取り扱う回路）からの信号を、ミキサ（Mixer、周波数を変換するための回路）、送信用BPF（Band Pass Filter、信号から不要な部分を取り除くフィルタ）、パワーアンプ（信号をできるだけ大きな電力にして出力するための増幅回路）で所望の信号に変調し、アンテナから変調された信号を送信します。

変調とは、送信すべき信号に基づいて搬送波の振幅と位相を操作する方法のことで、その逆に変調された信号を元の信号に戻すことを復調と呼びます。

変調方式の例としては、携帯電話の欧州統一規格であるGSM（Global System for Mobile Communications）で用いられているGMSK（Gaussian Minimum Shift Keying）方式やPHS（Personal Handy Phone System）などで用いられているπ/4シフトQPSK（Quadrature Phase Shift Keying）方式、さらに多値化された16QAM（Quadrature Amplitude Modulation）変調方式などがありますが、現在では、狭帯域化や高伝送速度化に対応するため、位相変調（PSK：Phase Shift Keying）による方式が多く用いられています（図3-16）。

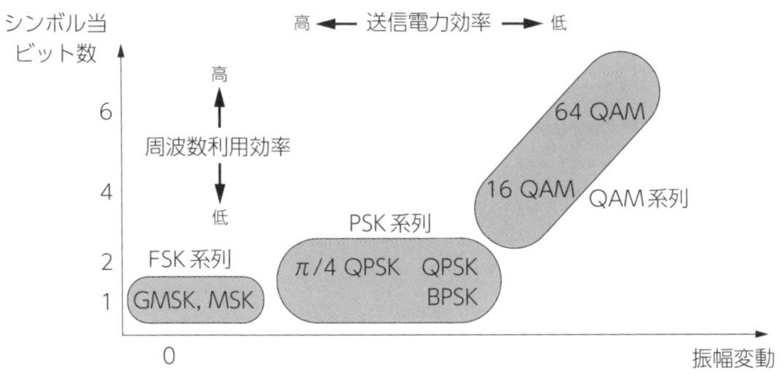

図3-16　変調方式とその特徴

（出典：電子情報通信学会「知識ベース」）

現在、移動通信では、GSM、PHS、EDGE (Enhanced Data Rates for GSM Evolution)、CDMA (Code Division Multiple Access)、W-CDMA (Wideband CDMA) などに続いて、WiMAX (Worldwide Interoperability for Microwave Access)、LTE (Long Term Evolution) が実用化されている。さらに5G (5th Generation) では [1] 超高速・大容量 [2] 超低遅延 [3] 多数端末同時 (100万台/km^2) 接続の特徴を生かした自動運転、遠隔医療、スマートマニュファクチャリング、スマートシティ、スマート農業、ARを利用したスポーツ観戦などについても実用化が進んでいます (表3-3)。

表3-3　主要な通信方式

	変調方式	周波数帯 (MHz)	最大伝送速度	規格
GSM	GMSK (0.3)	850/900/ 1800/1900	271kpbs	ETSI GSM
PHS	π/4DQPSK	1900	384kbps	RCR STD-28
EDGE	3π/8 8PSK	850/900/ 1800/1900	813kbps	IMT-SC
CDMA	OQPSK	800	1.23Mcps	IS-95
W-CDMA	QPSK/HPSK	850/900/ 1900/2100	3.84Mcps	IMT-DS/3GPP UTRA-FDD
WiMAX	OFDMほか	2000～11000	74.8Mbps	IEEE 802.16-2004
LTE	QPSKほか	700～2100	100Mbps 以上	3GPP E-UTRA
5G	QPSKほか	3.7K/4.5K/28K	dwn20/ up10Gbps	IMT-2020

移動通信用端末の小型化と低価格化要求から、高集積化が急速に進んでおり、各種変調波での試験要求が強くなっています。

(2) 受信部

アンテナで受信した信号を、低雑音アンプ (LNA：Low Noise Amplifier) で増幅し、受信用BPF、ミキサ、インタフェース用BPFを通して復調してベースバンド回路に出力します。なお、半導体集積化に適した、インタフェース信号を用いないダイレクトコンバージョン方式なども検討されています。

受信部の特性に影響する雑音としては、アンテナ雑音（宇宙雑音、大気の吸収雑音、地表の熱雑音）と受信部内部の部品の雑音（受動部品の熱雑音など）があります。さらに、干渉妨害波に対する応答特性や過大な信号入力に対する非線形歪みなどの特性についても考慮する必要があります。

(3) シンセサイザ（発振器）

送信部と受信部のそれぞれで周波数変換が必要なため、無線トランシーバ回路には複数の発振器が搭載されています。それらを総称して周波数シンセサイザあるいは単にシンセサイザと呼びます。これらの発振器には、電圧制御発振器（Voltage Controlled Oscillator：VCO）、ループフィルタ、可変分周器、基準発振器、位相比較器からなる、位相同期ループ（Phase Locked Loop：PLL）構成が用いられており、高精度で安定な発振を実現しています。

3.4.3　無線トランシーバ回路の特徴と評価項目

無線トランシーバ回路の送受信部は、有限の資源である公共の電波を利用するため、電波法やその関連法規によって種々な規格が定められています。しかし複雑で多機能化した無線トランシーバ回路の特性測定はもはや人手には負えないため、評価専用テスタやシグナルアナライザなどの測定機器が利用されています。以下では、これらの概要について説明します。

(1) 送信特性

送信特性として測定することが義務付けられている項目の一覧とその説明を表3-4に示します。表に示されるように測定にはスペクトルアナライザの使用が必須となります。

(2) 受信特性

受信特性として測定することが義務付けられている項目の一覧とその説明を表3-5に示します。

表3-4　法律で測定が義務付けられている送信特性

送信部の測定項目	説明	主に使用される測定器
周波数安定度	局部発振周波数や送信周波数の周波数の偏差として規定。内蔵の水晶発振器の性能に依存。	周波数カウンタ、スペクトルアナライザ
占有周波数帯幅	送信電力に対する一定比率の電力が入る帯域幅。狭帯域・高周波数ほど位相雑音（周波数の短期的ふらつき）の影響が大。	疑似音声発生器、スペクトルアナライザ
スプリアス発射または不要発射の強度	スプリアス（必要周波数とは別の不要な輻射成分）領域における不要な放射量。許容値を規定。	スペクトルアナライザ
空中線電力	アンテナに対して供給する電力。法令により範囲を規定。	電力計、電界強度測定器、スペクトルアナライザ
比吸収率 (SAR)	人体組織に単位時間に吸収される電力の尺度で、単位はW/kg。全身平均SARと、局所SARの2つの基準値があり、携帯電話では局所SARを採用。	比吸収率測定装置
周波数偏移	周波数変調における周波数変化の幅。	低周波発振器、直線検波器
プリエンファシス特性	高域側を増幅（プリエンファシス）して送信側から送出した信号を受信側で受ける際の周波数特性の改善度。	低周波発振器、直線検波器
搬送波電力	変調のない状態における無線周波数1サイクルの間に送信部から空中線系の給電線に供給される平均電力。	低周波発振器、スペクトルアナライザ
総合周波数特性	使用する周波数帯以外を除去するためのフィルタの特性。	低周波発振器、電力計
総合歪みおよび雑音	信号中の不要成分の比率の上限を規定。送受信部の分離度が高くない場合は送信雑音により受信部の感度も劣化。	低周波発振器、直線検波器、雑音歪み率計
送信立ち上がり時間、立ち下がり時間	送信信号の立ち上がりおよび立ち下がり時間の許容範囲を規定。	オシロスコープ、スペクトルアナライザ
隣接チャネル漏洩電力 (ACLR)	送信を許されているチャネル内の送信電力を基準とし、隣接するチャネルに漏れ込む電力。	低周波発振器、スペクトルアナライザ
送信OFF時電力	OFF動作時の漏洩電力を規定。	低周波発振器、スペクトルアナライザ
送信速度	送信速度の範囲を規定。	低周波発振器、オシロスコープ

(3) 技術基準適合証明

日本だけでなく、世界各国で無線通信に関する技術基準が定められており、その国の技術基準に適合していなければ電波を利用する機器は使用することができません。

表3-5　法律で測定が義務付けられている受信特性

受信部の測定項目	説明	主に使用される測定器
副次的に発生する電波などの限度	受信部も微弱な電波を発射しており、その限度を規定。	電界強度測定器、スペクトルアナライザ
感度	受信感度は半導体技術により理論限界の近くまで進歩。内部雑音の抑制技術が今後の最大の課題。	標準信号発生器、雑音歪み率計
減衰値	規定の通信信号電力の減衰量（dB値）を規定。	標準信号発生器、周波数計、レベル計
通過帯域幅	相対的な減衰量が規定された減衰量と同じかそれ以下である値での周波数の間隔。	標準信号発生器、周波数計、レベル計
スプリアス・レスポンス	強い干渉波の存在による、受信チャネル以外の周波数での受信。受信障害の要因。	標準信号発生器、レベル計、雑音歪み率計
隣接チャネル選択度	隣接チャネルに高いレベルの干渉波を加えたときの感度劣化量を規定。	低周波発振器、標準信号発生器、レベル計／オシロスコープ
感度抑圧効果	位相雑音や内部雑音あるいは送信雑音などによって発生する感度の劣化。発振周波数を高くするほど位相雑音は増加する傾向。	標準信号発生器、レベル計
相互変調特性	隣接チャネルと次隣接チャネルに同電力で高レベルの干渉波を加えた場合の感度の劣化度を数値化。	標準信号発生器、雑音歪み率計
局部発振器の周波数変動	受信部で周波数変換のための信号を発生させる発振器の周波数変動幅を規定。	周波数カウンタ
ディエンファシス特性	プリエンファシスした信号を受信側で元の信号に戻す際の周波数特性の改善度。	低周波発振器、直線検波器
総合歪みおよび雑音	信号中の不要成分の比率の上限を既定。	標準信号発生器、雑音歪み率計

日本国内で技術基準適合を測定し合否を判定する方法としては、大きく分けて以下の３通りが運用されています。

a) 総務省への登録認証機関による認証

b) 自己確認による総務省への登録

c) 国際相互承認協定に基づく国外機関による認証

3.5 インタフェース・デバイス

3.5.1 高速シリアル・インタフェースについて

一般にシステム装置間やシステムと端末装置との接続部分をインタフェースと呼びますが、それを転送方式によって分類すると、パラレル転送方式 (Parallel Transmission) とシリアル転送方式 (Serial Transmission) に分けられます。

パラレル転送方式は、複数ビットのデータを複数の信号線を用いて同時に伝送する方式です (図3-17)。これに対して、シリアル転送方式では、１本の信号線を用いてデータを１ビットずつ順に伝送します (図3-18)。

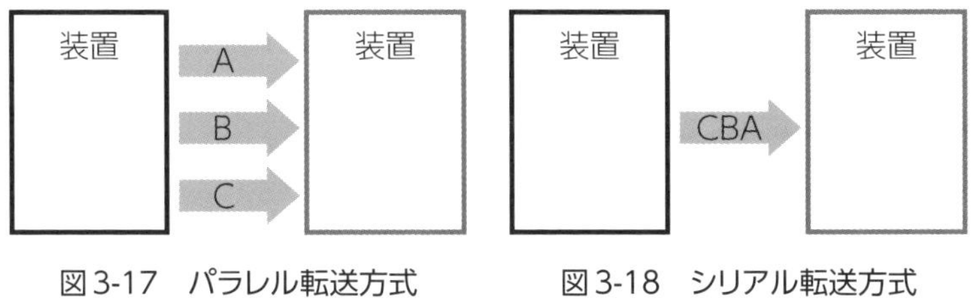

図3-17　パラレル転送方式　　図3-18　シリアル転送方式

PC (Personal Computer) とHDD (Hard Disk Drive) 間のインタフェースとしては、以前はSCSI (Small Computer System Interface) やIDE (Integrated Drive Electronics) などのパラレル転送方式が用いられていました。しかし、高速のデジタル信号の伝送のためには、伝送路間のクロックのずれを回避するため配線を長くできない、隣接する信号線の電磁妨害が無視できないという欠点があり、それを解決する手段としてシリアル転送方式が開発されました。

代表的なシリアル・インタフェースを以下に示します。

①　IEEE1394

Appleによって提唱され、FireWireとも呼ばれます。1995年にIEEE (アイ・トリプル・イー、電気・電子技術の国際的な学会) の標準となりました。当初は転送速度が最大400Mbpsでしたが、最大3.2Gbpsまで拡張されました。ホットプラグ (動作中の抜き差し) や接続ケーブルでの電源供給が可能であるという特徴によって、デジタル・ビデオ機器やPCで使用されました。しかし2008年により高速なUSB 3.0 (5Gbps) の規格が策定され普及すると、Appleは2011年にIntelと共同で新規格のThunderbolt 1

(10Gbps) を発表しました。

② USB (Universal Serial Bus)

キーボードやマウス、モデム、プリンタなどの周辺機器をコンピュータに接続するインタフェースで、現在USB 1.0、USB 1.1、USB 2.0、USB 3.0、USB 3.1、USB 3.2、USB4の7規格があり、すべて上位互換性を持っています。USB 1.1は最高12Mbpsですが、USB 3.2ではGen1が5Gbps、Gen2が10Gbps、USB 3.2からx2と表示のレーン数が拡張されGen2x2で20Gbpsの高速伝送が可能です。USB4ではGen3 (＝Gen2x2) x2で40Gbpsの高速伝送が可能です。また、USBは1つのポートで最大127台の機器を接続しホットプラグができるという特徴を持っていることから広く利用されています。

③ PCI Express(Peripheral Component Interconnect Express)

パラレル・インタフェースであるPCIバスに代わるパソコン向けのシリアル・インタフェースとして2002年に策定されました。PCI Expressは現在PCI Express 1.1 (Gen1) の1レーン当たりの一方向のデータ転送速度は2.5GbpsからPCI Express 5.0 (Gen5) の32GT/sまで策定されています。単位をbpsからT/s (Transfer per second) にしたのは転送データに依存しない信号速度を表示するための変更です。2021年にはPCI Express 6.0 (Gen6) が策定され1レーン当たりの一方向のデータ転送速度は64GT/sになります。これを複数 (x1 x4 x8 x16など) のリンク幅を使用することでより高速化が可能になります。このため、転送速度の要求の高い3Dグラフィックなどでは広く利用されています。

④ Serial ATA (Serial Advanced Technology Attachment)

PCにハードディスク、SSD (Solid-State Drive)、光学ドライブなどを接続するインタフェースで、現在ではSCSIなどのパラレル・インタフェースに代わって主流となっています。転送速度は、当初は1.5Gbpsでしたが、現在では16Gbpsまで速度の向上が図られています。

⑤ その他

その他の高速シリアル・インタフェースとしては、映像・音声のデジタル伝送に用いられるHDMI (High-Definition Multimedia Interface)、コンピュータ等のネットワークに広く用いられるイーサネット (Ethernet) は1973年米ゼロックスのパルアルト研究所で開発され、DIX-Ethernetを経て1980年からはIEEE802委員会が100Mbps (1995年)、1Gbps (1998年)、10Gbps (2002年)、40Gbps/100Gbps (2010年)、400Gbps (2017年) と各々の技術仕様を策定しています。

モバイル機器向けの高速通信用のインタフェースで注目されるMIPI (Mobile Industry Processor Interface) アライアンスではD-PHY、M-PHY、C－PHY、さらに自動運転車向けとしてA-PHYの技術仕様を策定しています。

図3-19に主なシリアル・インタフェースの高速化動向を示します。

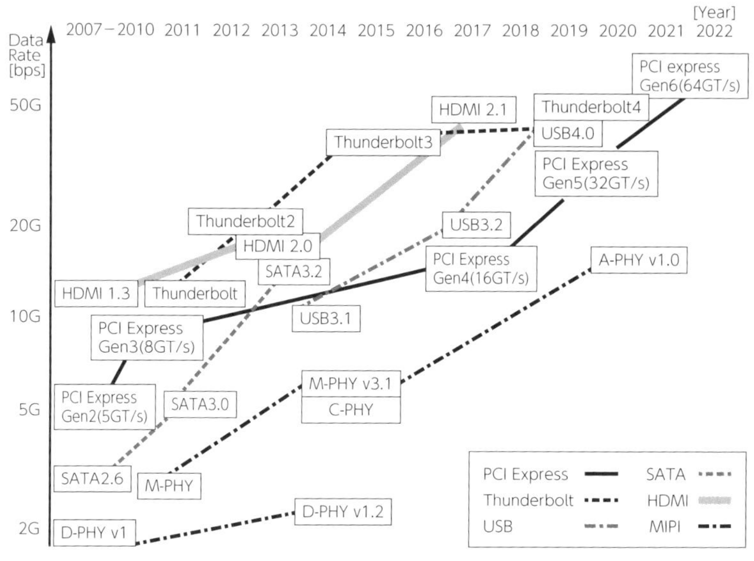

図3-19　シリアル・インタフェースの高速化動向

3.5.2　高速シリアル・インタフェース回路の基礎

同じデータ量を転送するためには、パラレル伝送よりもシリアル伝送の方が転送速度を速くしなければなりません。そこで、転送の高速化のため、小振幅・低消費電力デジタル有線伝送技術であるLVDS (Low Voltage Differential Signaling) 技術およびクロック信号を再生する回路ブロックCRU (Clock Recovery Unit) 技術が利用されています。

LVDSは送信機（ドライバ）と受信機（レシーバ）の間を差動配線で結ぶものです。送信機の電流源の出力は3.5mAで受信機の終端抵抗が100Ωですので、差動配線上での信号振幅は350mVとなります。また、差動伝送では2本の信号配線を使って逆位相の信号を送るため、外部からのノイズが2本の信号配線に乗っても、受信時にその影響を取り除くことができます（図3-20）。

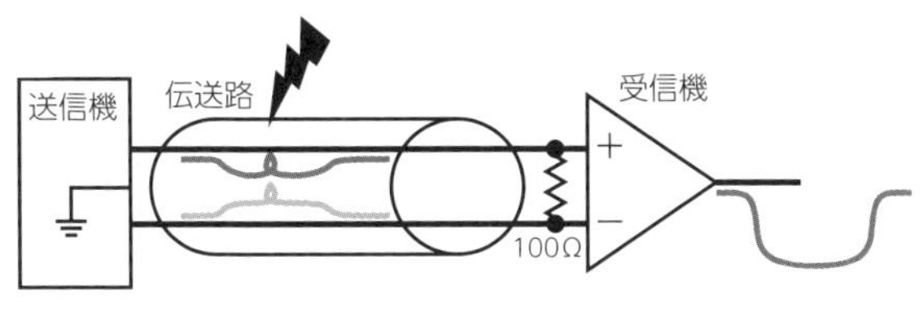

図3-20　LVDSの構成とノイズ除去効果

以上の構成から、LVDSは、信号振幅が低いため信号遷移にかかる時間が短い、ノイズ耐性が高いため長距離伝送してもビット誤り率を低く抑えることができる、ノイズの影響を受けないばかりでなく発生するノイズも少ない、という利点を持ちます。

一方、CRUは送信機からのクロック信号を受信機で適正に再生するための回路です。クロック信号については、データ信号と別に送られる方式とデータ信号の中に埋め込む方式の2通りがありますが、クロック信号をデータ信号に埋め込むほうが一般的です。この場合、図3-21に示すように、受信データに含まれるクロック情報からCRUでクロック信号を再生し、これを基準にデータを抽出します。この操作をクロック・データ・リカバリ（Clock Data Recovery：CDR）と呼びます。

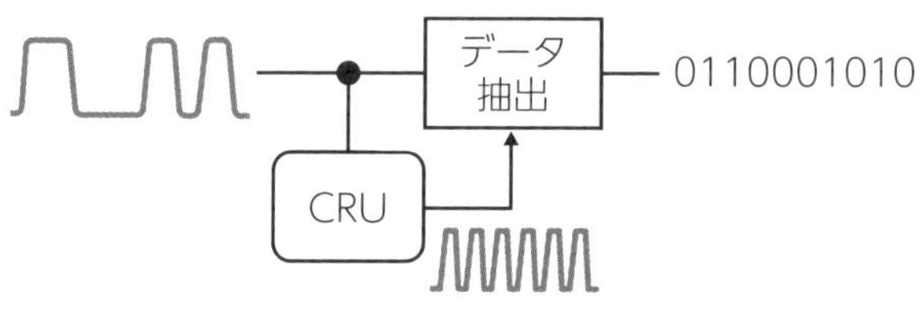

図3-21　CRUを利用したデータの抽出

このようにCDRで抽出されたシリアルのデータ信号は受信側の装置内部で再びパラレル信号に変換されますが、この変換を受け持つ回路機能をSerDes (Serializer/Deserializer) と呼びます。

SerDesは送信側の装置内部でのパラレル信号からシリアル信号への変換にも利用されます。SerDesには信号調整機能 (signal conditioning) として、プリエンファシス (pre-emphasis)、デエンファシス (de-emphasis)、DCバランス (DC Balance)、イコライゼーション (Equalization) などを内蔵できます。長距離の伝送では伝送路の配線ラインやケーブルにおける信号の劣化が問題となりますが、送信側で信号の高域を強調したり (プリエンファシス)、低周波成分を削ったり (デエンファシス) することで対策することが可能です。

また、送信側と受信側の装置間の接地電位の差を吸収するためにAC結合が採用されますが (図3-22)、その際に用いるコンデンサで直流成分をカットするためには、送信される信号の「0」と「1」の数をバランスさせる必要があります。このために用いるのがDCバランス機能で、データ信号にDCバランスビットを追加する方法などが用いられています。

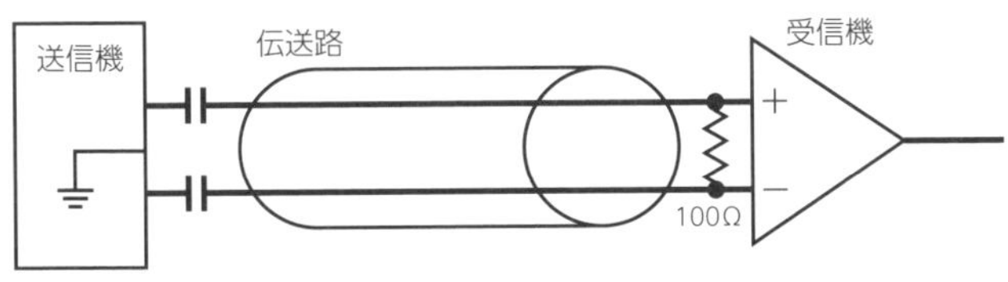

図3-22　AC結合LVDS伝送回路例

イコライゼーションとは、高周波成分を受信側で増幅する機能で、これにより伝送路の配線ラインやケーブルでの減衰を補償することができます。以上の信号調整機能を適切に用いることによって、高速シリアル転送で受信された信号のアイパターン（後述）が大きく改善されます（図3-23および図3-24）。

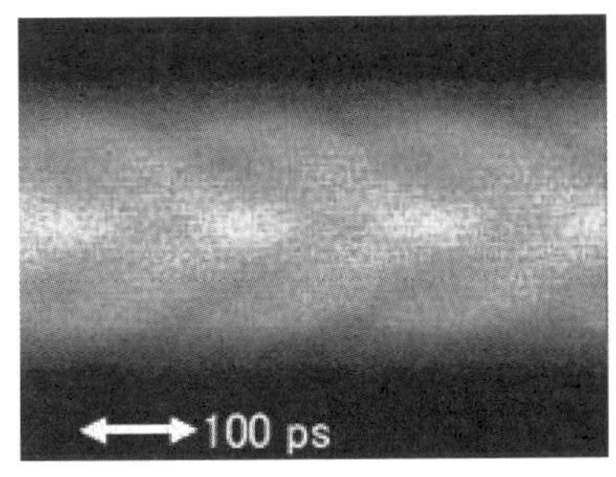

(a) プリエンファシスなし

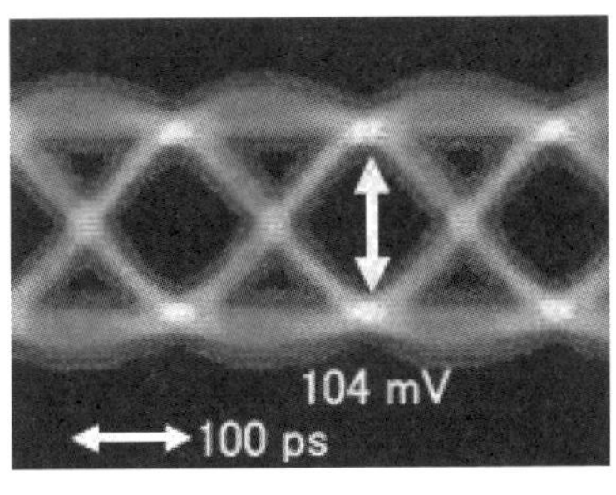

(b) プリエンファシス動作

図3-23　プリエンファシスの有無によるアイパターンの改善例

（写真提供　富士通株式会社）

（出典：『超高速CMOSインタフェース技術』FUJITSU.55, 6, 548-552, 2004）

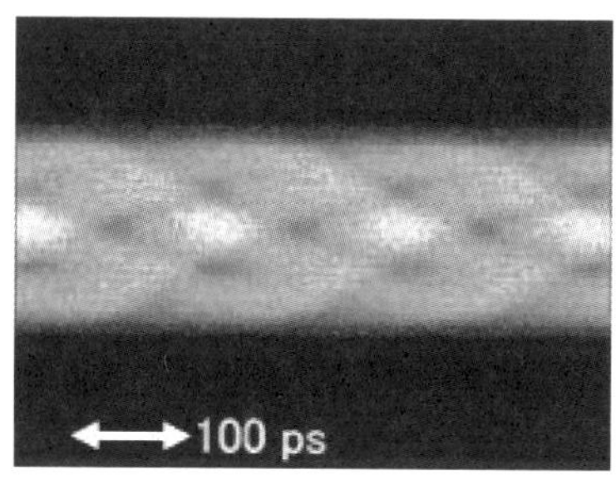

(a) イコライザなし

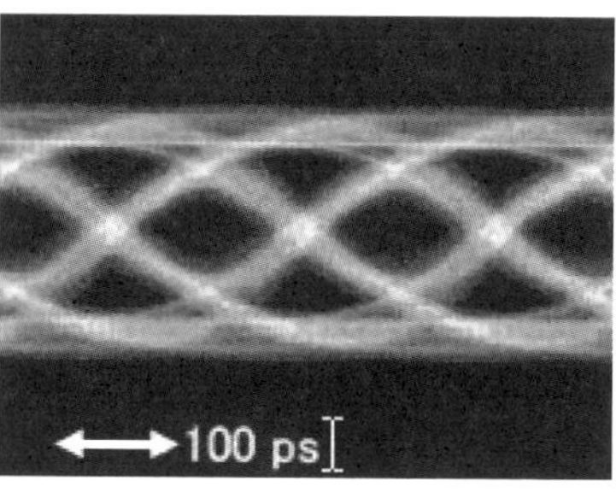

(b) イコライザ動作

図3-24　イコライザの有無によるアイパターンの改善例

（写真提供　富士通株式会社）

（出典：『超高速CMOSインタフェース技術』FUJITSU.55, 6, 548-552, 2004）

3.5.3　高速シリアル・インタフェース回路の評価

高速シリアル・インタフェースの信号評価では、一般的にアイパターン（Eye Pattern）が用いられます。アイパターンはアイダイアグラム（Eye Diagram）とも呼ばれ、信号波形を多数サンプリングしたものを重ね合わせてグラフとして表示したものです（図3-25）。パターンを組み合わせた表示が目の形に見えることから、アイパターンと呼ばれています。

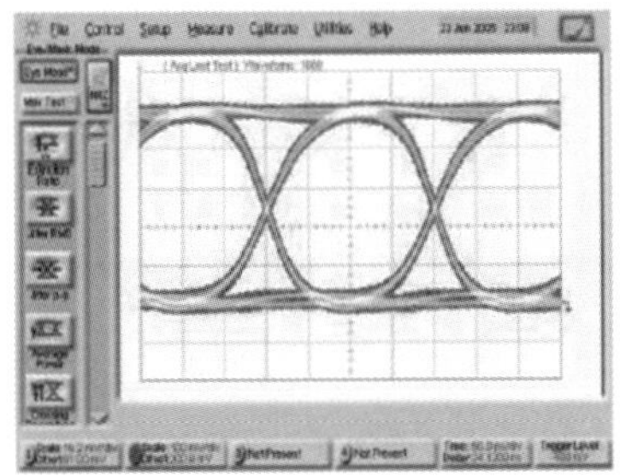

図3-25　高速シリアル・インタフェースの出力波形の例

アイパターンを利用することにより、最小振幅を計測することや信号のゆらぎであるジッタを評価することができます。波形が同じ位置（タイミング・電圧）で複数重ね合っていれば、「目の開いた」品質の良い波形です。逆に、波形の位置がずれている場合は、品質の悪い（ジッタが多い）波形となります。目の開き具合はBER（Bit Error Rate、ビット誤り率）と関係します。アイパターンを確認することにより、タイミングマージンや電圧マージンを一度に評価できます。

オシロスコープで観測する場合は、トリガ信号としてクロック信号を使用します（図3-26）。また、高速デジタル伝送用ケーブル等の品質・性能を測定する際には、ネットワーク・アナライザと逆フーリエ変換が使用されます。

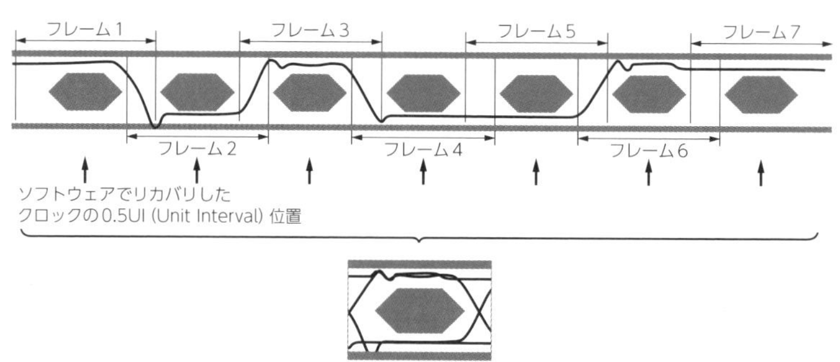

図3-26　オシロスコープによるアイパターンの観測

3.6 イメージャ

3.6.1 イメージャについて

イメージャ（Imager）とは、光の強弱を電気信号に変換する半導体素子で、撮像素子やイメージセンサ（Image Sensor）とも呼ばれています。多数敷き詰めたフォトダイオード（光電変換素子）にレンズで結像された光を当て、光起電力効果（Photovoltaic Effect）により電気信号に変換しています（図3-27）。

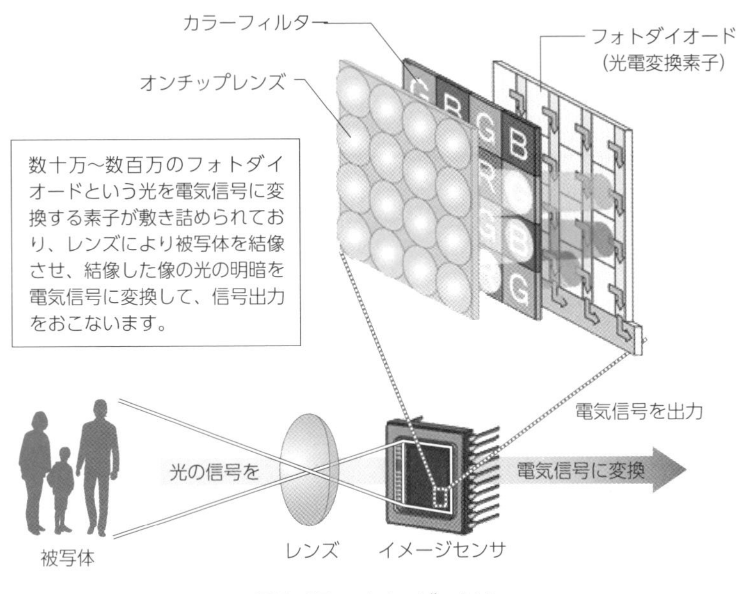
カラーフィルター
オンチップレンズ
フォトダイオード
(光電変換素子)
数十万～数百万のフォトダイオードという光を電気信号に変換する素子が敷き詰められており、レンズにより被写体を結像させ、結像した像の光の明暗を電気信号に変換して、信号出力をおこないます。
電気信号を出力
光の信号を
電気信号に変換
被写体
レンズ
イメージセンサ

図 3-27　イメージャとは

(出典：シャープ株式会社ホームページ)

主なイメージャとしては、CCD (Charge Coupled Device) イメージャおよび CMOS (Complementary Metal Oxide Semiconductor) イメージャがありますが、フォトダイオードで発生した電荷の蓄積方法および転送方法が異なるため、それぞれに特徴があります。

CMOSイメージャは、消費電力が小さいという特徴があります。また一般的なCMOSプロセスで製造できるため、周辺回路を含んだイメージャを安価で製造できるという利点もあります。今日では、ほとんどの携帯電話やスマートフォンにCMOSイメージャが組み込まれています。また、性能向上に伴い、プロフェッショナル仕様の一眼レフカメラやハイビジョンビデオカメラにもCMOSイメージャが使われるようになってきています。

一方、CCDイメージャは、感度が高くノイズが少ないという特徴があります。また高集積化に適した構造のため、コンパクトなデジタルカメラやビデオカメラに広く利用され、小型化に貢献しています。CCDイメージャは、主としてカメラメーカーやビデオカメラメーカーで生産されていますが、専用の製造プロセスを必要とするためコストが高くなります。また、CMOSイメージャと比べると消費電力は大きくなります。

表3-6にCMOSイメージャとCCDイメージャの比較を示します。

表3-6　CMOSイメージャとCCDイメージャの比較

比較項目		CMOSイメージャ	CCDイメージャ
プロセス	製造プロセス	CMOSプロセス	CCD専用プロセス
	基板	P基板	N基板
	素子分離	酸化膜分離	酸化膜分離
	ゲート酸化膜厚	3nm (0.13umプロセス)	50-100nm
	配線層数(min)	3層	1層
電源他	電源数	1電源	3電源
	電圧	低電圧駆動 (3.3V)	高電圧駆動 (15V/3.3V/-5.5V)
	消費電力	小	大
	感度	良	良
	読み出し速度	速い	遅い
	スミア	無	有
	動体歪み	有	無

3.6.2 CMOSイメージャの基礎と特徴

CMOSイメージャは、1967年にフォトトランジスタを2次元に配置し、MOSトランジスタで信号を取り出したのが原型とされています。1981年には、MOS型イメージャを用いたビデオカメラが商品化されましたが、画素に信号増幅機能を持たないPPS (Passive Pixel Sensor) 方式 (図3-28) であったため、固定パターンノイズが除去できず、画質面でも感度でもCCDイメージャに及びませんでした。

しかし、1993年に、画素ごとに信号電荷を増幅する機能を持ったAPS (Active Pixel Sensor) 方式 (図3-29) のCMOSイメージャが登場し、固定パターンノイズの課題が解決されたため、それまで優位であったCCDイメージャに対する画質面および感度での差を縮めることが可能となり、CCDイメージャと遜色がなくなりました。

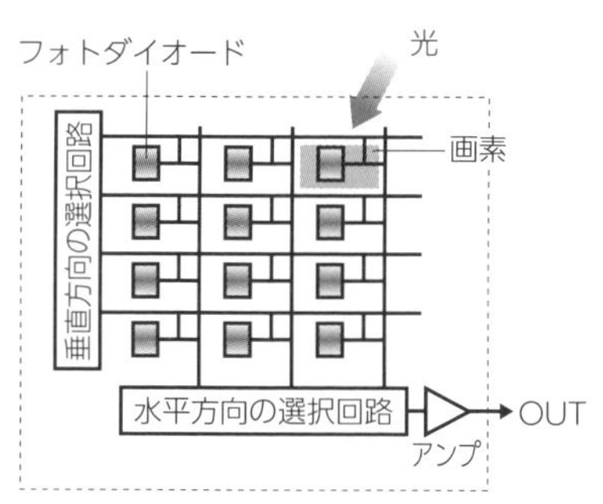

図3-28　MOS型イメージャ (PPS) の構造および原理

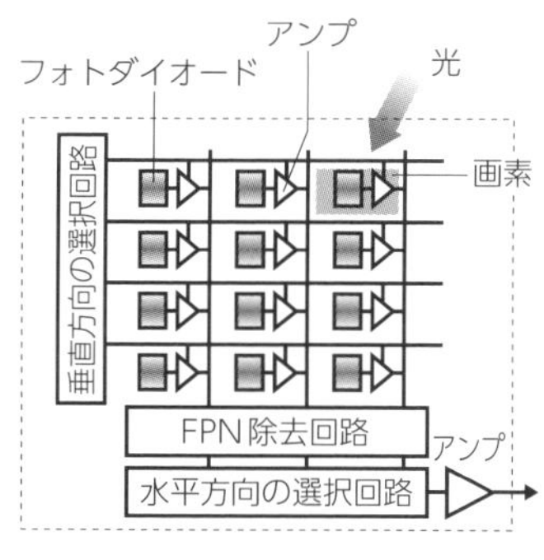

図3-29　CMOSイメージャ (APS) の構造および原理

CMOSイメージャでは、シリコン基板上に作りこんだフォトダイオードの上層に配線が位置しているため、光が配線で遮蔽されてフォトダイオードまで届きにくい表面照射型の構造になっています。これに対して、この入射光がダイオードに届くように、シリコン基板の裏面を研磨して薄くし、裏面から受光する構造の裏面照射型技術を採用したCMOSイメージャの製品も登場しています（図3-30）。

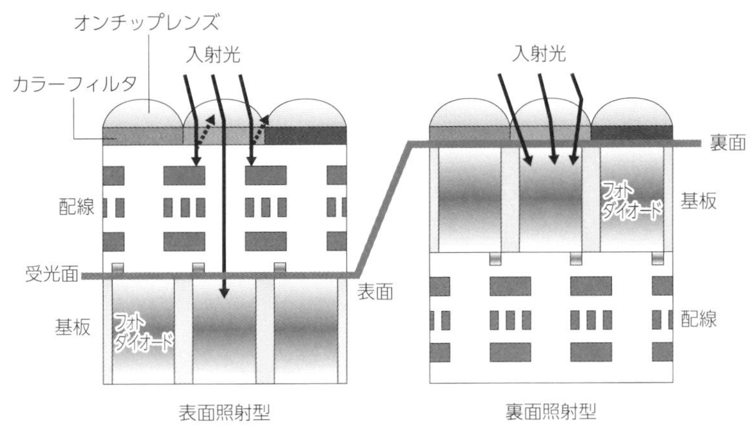

図3-30　CMOSイメージャの表面照射型と裏面照射型

CMOSイメージャは信号処理回路の内蔵が容易で、映像フォーマットとしては、YUVフォーマット＝テレビジョンの世界標準（Y：輝度信号、U：輝度信号と青色成分の差、V：輝度信号と赤色成分の差）が使用されます。数百MHzでの高速読み出しも可能な上、消費電力が小さく、製造コストが抑えられます。

CMOSイメージャは、スミアノイズ（強い光を撮影すると垂直方向に発生する光の筋）やハイライトの白飛びが少ないなどのCCDイメージャにはないメリットがあります。しかし、高速な動きの被写体を撮影すると「ゆがみ」が生じます。これは、画素の位置によって読み出すまでの時間に差が生じるためで、これを動体歪みまたはフォーカルプレーン歪みと呼びます。これに対しては改善策として動体歪みのない裏面照射型画素構造のグローバルシャッター機能が開発されています。

3.6.3 CCDイメージャの基礎と特徴

CCDは1969年に発明され、1971年にはCCDイメージャが発表されています。

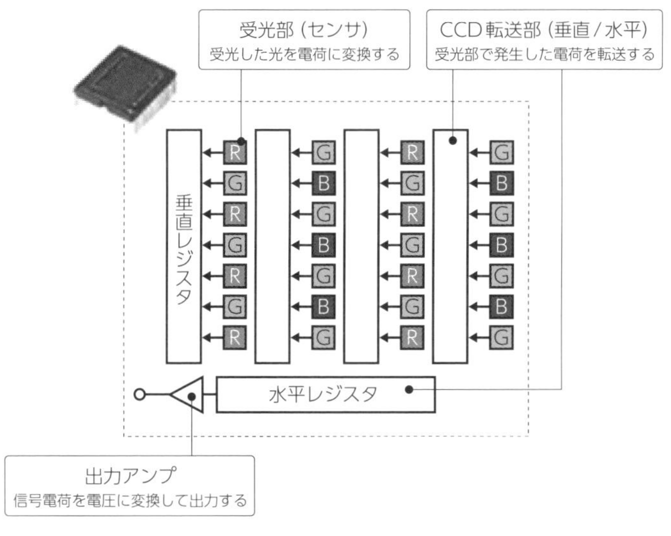

図3-31　一般的なCCDイメージャの構成図

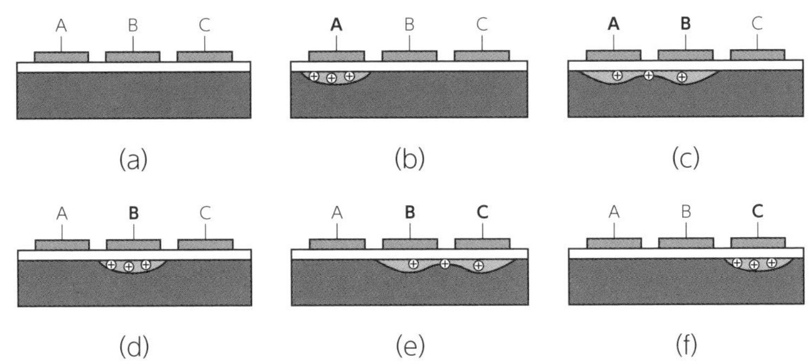

基板の酸化膜上に電極A、B、Cを配置する(a)。電極Aに負電荷を印加して空乏層を形成し、内部光電効果で発生した正孔を集める(b)。電極Bにも負電荷を印加して空乏層をつなげ、集めた正孔を共有する(c)。電極Aの電荷をゼロに戻し正孔を電極Bに集める(d)。同様の方法で正孔を電極Cに移動させる(e、f)。このようにしてバケツリレー方式で正孔を転送することができる。

図3-32　CCDの電荷転送の仕組み

CCDイメージャは、入力光の強さに応じて電荷を発生する受光部(センサ)と、その電荷を転送するCCD転送部(垂直転送部(垂直レジスタ)および水平転送部(水平レジスタ))から構成されます(図3-31)。CCD転送部は、基板の酸化膜上に多数の電極を配して構成し、電極に順次(例えば図3-32でA→B→Cの順に)電圧を印加することで電荷を移動させて信号を転送します。図は正孔(正の電荷)の転送例ですが、同様の方法で電子(負の電荷)も転送できます。なお、CCDイメージャとしては、受光素子として独立したフォトダイオードを用いる場合と、転送用CCDそのものを受光素子として動作させる場合があります。

CCDイメージャで画像欠陥を引き起こす要因としては、フォトリソグラフィーやエッチングによる断線、ショート、酸化膜界面でのトラップおよび局所的欠陥に加えて、結晶表面近傍の少数キャリアのライフタイムや白キズを引き起こす結晶欠陥等があります。CCDイメージャの製造工程において使用するニッケルやクロムなどの重金属汚染や埃なども画像欠陥を誘発します。

CCDイメージャは、CMOSイメージャと比べると、画質では優れますが、複雑な専用製造工程によるコスト高に加えて、消費電力が大きい、高速化が難しいなどの欠点もあります。また、CMOSイメージャに比べて、強い光を撮影すると垂直方向に発生する光の筋「スミア」が発生しやすいという問題もあります。これはCCD転送部に不要な電子が混入することにより発生するものです。これに対しては構造の改善などによる軽減策が用いられています。

3.7 A/D、D/A変換デバイス

3.7.1 A/D、D/A変換デバイスについて

A/D (Analog/Digital) 変換デバイス (A/D変換器) は自然界にある音、温度、圧力などの連続したアナログ量を離散的なデジタル量に変換します。この変換処理を量子化といい、サンプリング (標本化) 間隔ごとにデジタル量が出力されます。

サンプリングに関しては、入力信号の最大周波数の2倍を超えるサンプリング周波数 (1/サンプリング間隔) で量子化すれば入力信号を復元できることが知られています (サンプリング定理)。また、出力されたデジタル信号は符号化されており、伝送効率を上げるた

めに必要に応じて圧縮されます。

これとは逆にD/A (Digital/Analog) 変換デバイス (D/A変換器) はデジタル量をアナログ量に変換します。多くのD/A変換デバイスは階段状の波形を出力するため、これをアナログ信号波形に戻すためには、高周波成分を逓減させるローパスフィルタを通して波形を整形する必要があります (図3-33)。現在ではA/D、D/A変換デバイスとして様々な方式の製品が開発されており (図3-34)、SoC (System-on-a-Chip) やASIC (Application Specific IC) に使用される部品としても提供されています。

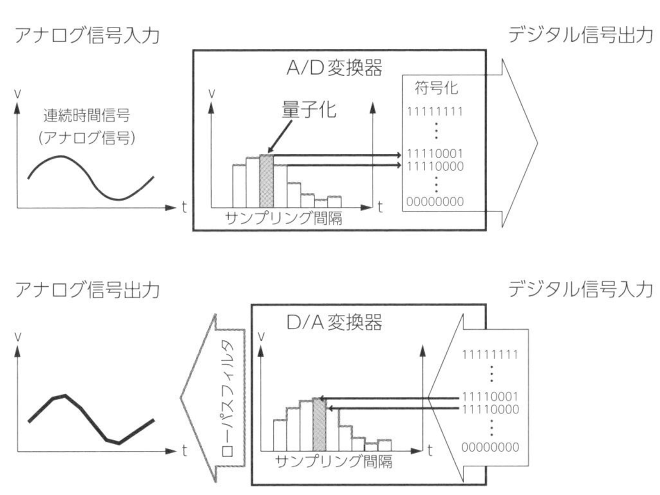

図3-33　アナログ信号とデジタル信号のA/D、D/A変換のイメージ

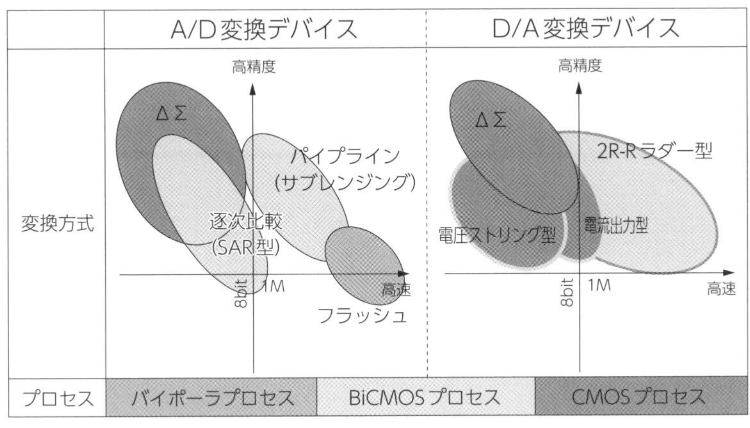

図3-34　半導体プロセスとA/D、D/A変換デバイスの各方式

半導体プロセス技術の進歩により、デジタル信号処理の速度が向上し、A/D変換器が扱う信号は高周波領域へと拡大しています。これに対して、A/D変換器ではCMOS回路の高集積化により導入可能となった高度なサンプルホールド（トラックホールド）回路と変調技術や調整技術を利用することで、分解能と変換速度を年々向上させています。

使用するプロセスとしては、以前は高速動作可能なバイポーラが主流でしたが、現在では微細化に適したBiCMOSプロセスやCMOSプロセスが主流になっています。ただし、超高速のA/D変換器ではまだバイポーラが使われています。一方、D/A変換デバイスにおいても、レーザー加工技術や自己調整技術の進歩により16ビットから24ビットの分解能の製品まで実現できるようになっています。なお、A/D、D/A変換器のいずれにおいても、バンドギャップリファレンス（Bandgap Reference）回路と、トレードオフの関係にある分解能と変換速度に加えて、変換精度や動作特性そして低消費電力が重要視されるようになってきています。

3.7.2 D/A変換器の基礎と特徴

D/A変換器にとって最も重要な特性は、ビット数で表される分解能とサンプリング速度で表される変換速度ですが、それ以外にも下記に示す特性が重要になります。

・積分非直線性誤差（INL：Integral Non-Linearity）

各デジタルコードに対するアナログ出力値における、理想特性値と実際の特性値の差あるいはその最悪値を表します（V_{INL}（図3-35））。INLが大きくなると保証できる精度が低下します。

・微分非直線性誤差（DNL：Differential Non-Linearity）

デジタル入力での1ビットの値の変化に対する出力アナログ値の変化が、各ステップでどれだけ理想特性値と差があるかを示します（V_{DNL}（図3-35））。DNLの値が－1 LSBを超えると、単調性（Monotonicity、コードが増えると出力が大きくなるという性質）を喪失するという問題が発生します。

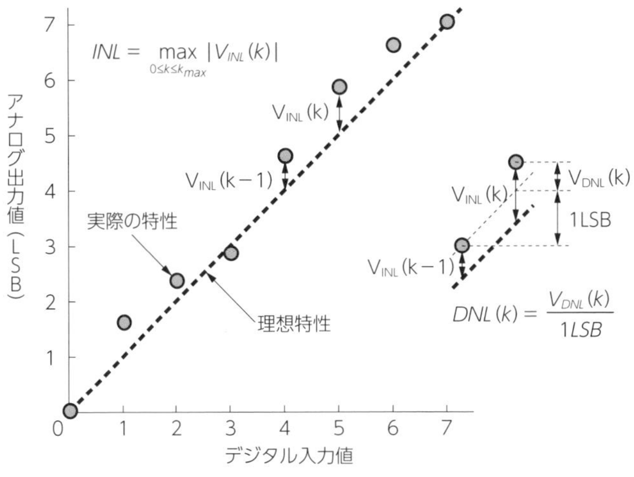

図3-35　D/Aの積分非直線性誤差と微分非直線性誤差の図

・ダイナミック・レンジ(Dynamic Range)

　出力最大レベルと出力ノイズレベルの比。D/A変換器の評価には、SFDR(Spurious Free Dynamic Range)と呼ばれる基本波と最大スプリアスの電力比がよく用いられます。

・全高調波歪み(Total Harmonic Distortion：THD)

　出力信号に現れる各高調波成分の実効電圧の総和と元の入力信号の実効電圧との比。

・SN比(Signal to Noise Ratio：SNR)

　量子化等に伴うノイズの大きさとその信号との比。

このうちTHDやSNRなどの動作特性は、デジタル化した正弦波を入力した際に出力されるアナログ信号をスペクトラム・アナライザで観察することによって評価します。

D/A変換器は半導体プロセス技術の進歩により分解能と変換速度の向上を同時に実現することが可能になっています。表3-7にD/A変換器の主な回路方式を示しますが、主流である抵抗ラダー型の他に抵抗ストリング型、容量アレイ型、電流出力型、ΔΣ（デルタ・シグマ）型などがあり、A/D変換器の内部回路としても使用されています。

表3-7　主なD/A変換器の回路方式

回路方式	分解能（ビット）	変換速度（サンプル/秒）	特　徴	主な用途
抵抗ラダー型	8～12	0　～10M	回路面積小、低消費電力	サーボ制御、モーター制御
抵抗ストリング型	8～12	0　～1M	回路面積小、低消費電力	汎用、高精度用途に多様
容量アレイ型	8～12	0　～10M	低消費電力	中低速用途
電流出力型	8～16	0　～1G	回路規模大、消費電力大	映像信号処理、通信
ΔΣ型	18～24	100k～10M	高分解能	AV機器

以下に各回路方式について簡単に説明します。

(1) 抵抗ラダー型

抵抗のオンオフと電圧印加によって目的の電圧を得る方法です（図3-36）。最も汎用的なD/A変換器ですが、コード切り替え時にグリッチ（glitch）と呼ぶノイズで出力に数psレベルの細かいパルスが発生する現象が発生します。実際の製品ではこのノイズを抑止するデグリッチャ (deglitcher) 回路を用いて対策をしています。出力形式には電圧出力型と電流出力型があります。R-2Rラダー型D/A変換器の抵抗をコンデンサに置き換えるとC-2Cラダー容量アレイ型D/A変換器になります。

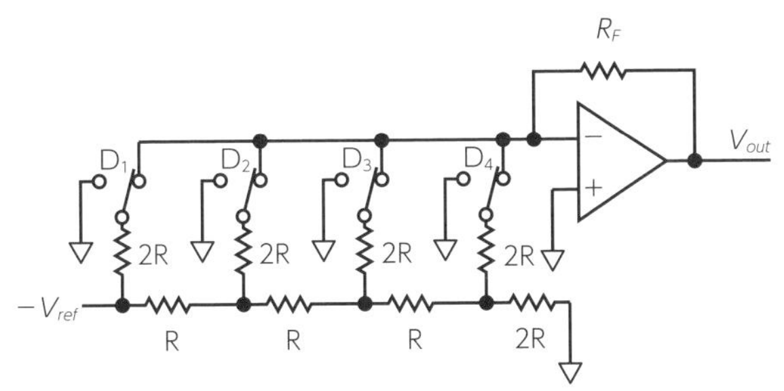

図3-36　R-2Rラダー型DA変換器の等価回路

(2) 抵抗ストリング型

nビット分解能の場合には2^n個の抵抗を直列に接続し、アナログスイッチで切り替えて電圧出力する方式です (図3-37)。グリッチの発生が少なくまた単調性を持ちますが分解能は高くありません。AV機器の電子ボリュームなどに使われています。

出力電圧 (V_{out}) と参照電圧 (V_{ref}) の関係は、電圧分割の原理から

$$V_{out} = \frac{V_{ref}}{2^n}\sum_{i=1}^{n} b_i 2^{i-1}$$

となります。

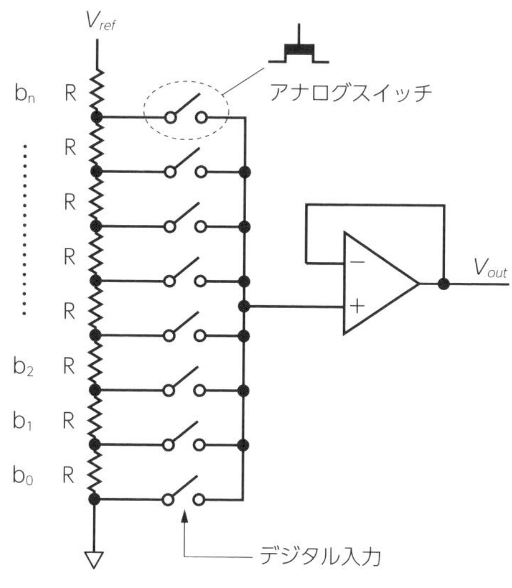

図3-37　抵抗ストリング型等価回路

(3) 容量アレイ型

ビット数nはn＋1個の$C_i = 2^{i-1}C_0$の重み付けした容量とアナログスイッチから構成されます（図3-38）。主に中低速領域のD/A変換器として利用されます。

出力電圧（V_{out}）と参照電圧（V_{ref}）の関係は電荷保存則から

$$V_{out} = \frac{V_{ref}}{2^n}\sum_{i=1}^{n} b_i 2^{i-1}$$

となります。

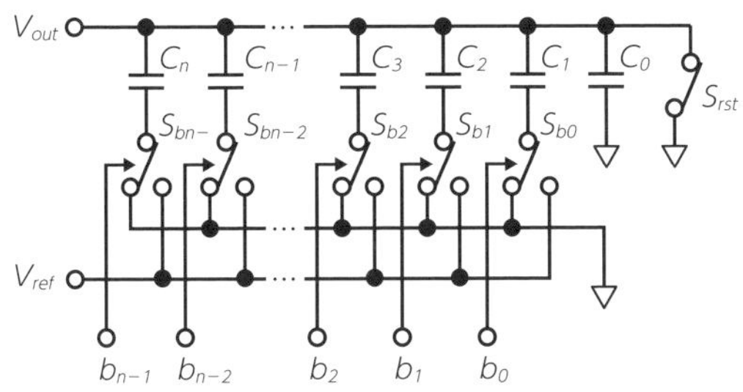

図3-38　2進重み付け容量アレイ型DA変換器の等価回路

(4) 電流出力型

ビットに応じて重み付けしたR-2R抵抗をスイッチで切り替えて2進数値に比例した電流を流す方式です。8～16ビットと分解能が高く、サンプリング速度は1Gサンプル/秒程度の高速動作が得られます。ただし、回路規模や消費電力が大きくなるという欠点があります。グリッチの発生が少なく、また単調性を持つことから、映像信号処理機器や通信機器などで使われています。

(5) ΔΣ型

ΔΣ変調をベースに1ビットのD/A出力をPDM (Pulse Density Modulation) 変調あるいはPWM (Pulse Width Modulation) 変調したパルス信号をLPF (Low-Pass Filter) 機能でアナログ信号に変換します。LPF機能のみでアナログ変換が実行できるためΔΣ変調 (3.7.3の (4) を参照) とサンプリング周波数で特性が決まります。ΔΣ型D/A変換器は、変換速度が遅いという欠点がありますが、18～24ビットと高い分解能が得られ、またダイナミック・レンジも広いためAV機器などで採用されています。

3.7.3 A/D変換器の基礎と特徴

A/D変換器にとって最も重要な特性は、分解能と変換速度ですが、その他に前出のDNL、INL、THD、SNRなども重要です。このうちTHDやSNRなどの動作特性は、正弦波を入力した際に出力されるデジタル信号を高速フーリエ変換（Fast Fourier Transform：FFT）することにより評価します。A/D変換器でも半導体プロセス技術の進歩により分解能と変換速度の向上を同時に実現することが可能になっています。表3-8にA/D変換器の主な回路方式を示しますが、用途に応じて並列型（フラッシュ型）、パイプライン型、逐次比較型（SAR型）、ΔΣ型などが用いられます。

表3-8 A/D変換器の変換方式一覧

回路方式	分解能（ビット）	変換速度（サンプル/秒）	特　徴	主な用途
並列型（フラッシュ型）	6～10	～1G	超高速、低分解能	高速測定用途
パイプライン型	8～16	～数100M	高速（ただし出力遅延あり）	映像信号処理、通信
逐次比較型（SAR型）	8～18	100k～数10M	低消費電力	マイコン
ΔΣ型	12～24	数k～数100k	高分解能	中低速領域

以下に各回路方式について簡単に説明します。

(1) 並列型（フラッシュ型）

A/D変換器の方式の中で最も高速変換が可能ですが、分解能nビットの場合2^n-1個のコンパレータ（比較器）が必要となるため、回路規模と消費電力が大きくなるという欠点があります（図3-39）。

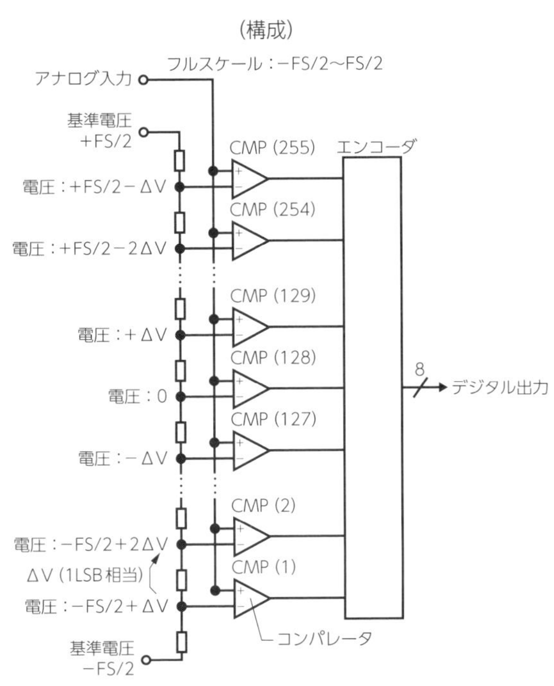

図3-39　並列型8ビットA/D変換器の構成

これについては、数ビットのフラッシュ型A/D変換器で変換したのち、デジタル値を内蔵のD/A変換器でアナログ電圧に戻して入力との差を増幅し、再度A/D変換器で変換するという操作を繰り返す多段フラッシュ型が考案されており、10ビット以上の高分解能を実現しています。他に、並列型を上位ビットと下位ビットに分割してそれぞれA/D変換し、2ステージでA/D変換を実現するフォールディング (folding) 型もあります。

(2) パイプライン型 (サブレンジング (subranging) 型)

低分解能のADC、DACと残差アンプの組み合わせを複数ステージ用意することで、逐次比較型より高速で並列型より高分解能を実現しています。パイプライン型の欠点は変換結果が出てくるまでに遅延 (パイプライン・ディレイ) があることですが、その後はクロックごとにデータが出力されます。この他、変換ビット数を増やしてA/D変換を2ステージで実現したサブレンジング型もあります。

(3) 逐次比較型 (SAR (Successive Approximation Register) 型)

逐次比較型A/D変換器は、比較器とD/A変換器を用意し、入力とD/A変換器の出力とを比較して1ビットずつ精度を上げていく方式です。変換時のクロックとのパイプライン・ディレイはなく、比較的低ノイズで、内蔵するD/A変換器を高精度化すれば変換ビット数を上げることが可能です。

(4) ΔΣ型

ΔΣ型A/D変換器は、図3-40に示すように、ΔΣ変調器、デジタルフィルタおよび出力のためのシリアル・インタフェース、コントローラの3つで構成されています。このうち、ΔΣ変調器では積分器、1ビットA/D変換器、1ビットD/A変換器を用います。他のA/D変換器がサンプリング周波数を基準に入力電圧値を量子化するのに対して、ΔΣ変調器は各々の入力電圧値を「1」と「0」の密度として変換するのが特徴です。

ΔΣ変調器では、まず入力アナログ信号をオーバーサンプリング技術で信号帯域の2倍以上の信号帯域にすることで全帯域においてSNRを2分の1以下に低減します。次に積分器を通して信号をフィードバックさせることでノイズを高周波側に移動させ、ノイズシェーピングをします。このようにSNRの改善後にデジタルフィルタで高周波側を除去して信号帯域を元に戻すことにより、高分解能を実現しています。

ΔΣ型A/D変換器は16ビットから24ビットまで高分解能の高分解能が実現できることとダイナミック・レンジが大きいことにより、低中速領域で多用されています。

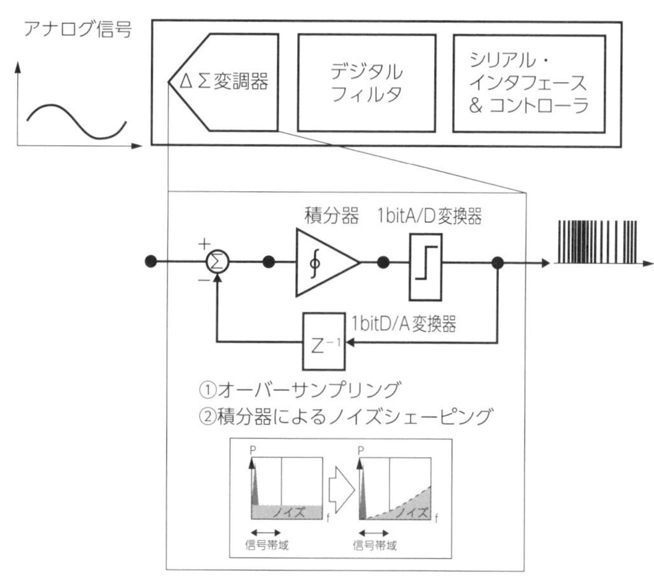

図3-40　ΔΣ型A/D変換器のブロック図

3.8 SoCデバイス

SoCとは「System-on-a-Chip」の略語で、SoCデバイスとはかつて多数の汎用デバイスで構成されていた電子システムを1つのチップに搭載したデバイスのことです。また、SoCデバイス以外の呼び方として、システムLSIということもあります。

3.8.1 SoCデバイスの構成

SoCデバイス内部は、演算器や命令を処理するデコーダ機能などのデジタル回路以外に、メモリ機能やアナログ入出力を行う機能が搭載されています。具体的には、今まで紹介してきた組合せ回路、順序回路、メモリ、A/D・D/Aコンバータの他、マイクロプロセッサやPLLも含まれます。マイクロプロセッサは他のデジタル回路と同様に論理値0と論理値1を扱うのですが、異なる点としては、マイクロプロセッサは命令信号（ソフトウェア）を受け取って、それを解読し、命令を実行します。また、PLL（Phase Locked Loop）は、外部から入力されたクロックの位相を安定させてSoCデバイス内の各部分に供給するための回路です。

図3-41はSoCデバイスの一例を示しています。High-Speed IO部は高速な入出力を行います。IEEE1394部はデータ通信規格に従ってデータ伝送を行います。また、ADCとDACはそれぞれA/DとD/Aコンバータとしてデジタルデータとアナログデータの相互変換を行います。機能動作中に変化しないデータはROMに格納されますが、それ以外の処理データを一時保存する場所として

DRAMとSRAMが使われます。特に、大容量を優先する場合はDRAMを、アクセス速度を優先する場合はSRAMを使用することが多いです。Logic部は必要な機能を実現するために設計された論理回路です。DSP (Digital Signal Processor) は信号処理に特化した回路構造を持ち、高速な信号処理を行います。CPU (Central Processing Unit) はマイクロプロセッサとして全体の動作をコントロールします。また、PLLは各回路部分に必要なクロックを供給します。このように、SoCデバイスは1つのチップでかつて多数の汎用デバイスで構成されていた電子システムを実現しています。

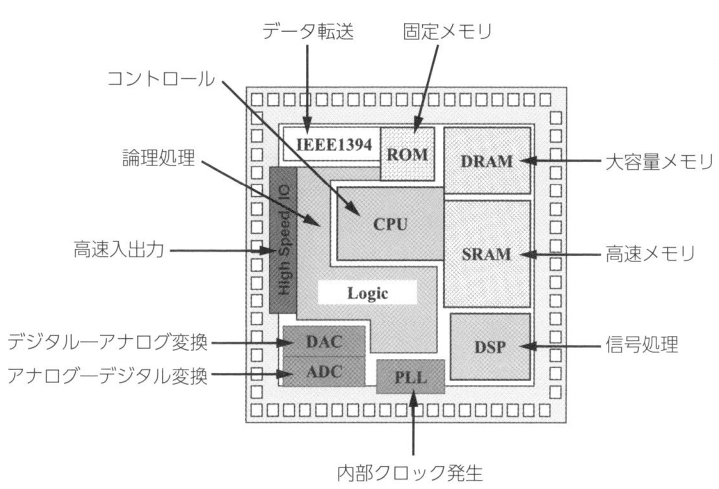

図3-41　SoCの一例

3.8.2 ASICについて

電子システムを1チップに収めたものをSoCデバイスというのであれば、マイクロプロセッサやメモリデバイスも含まれるように思われます。しかし、実際には図3-42に示すように、ASIC（特定用途デバイス）のことをSoCデバイスと呼んでいます。ASICとは「Application Specific IC」の略語で、汎用デジタルと異なり、特定用途向けに作製されるデバイスのことをいいます。

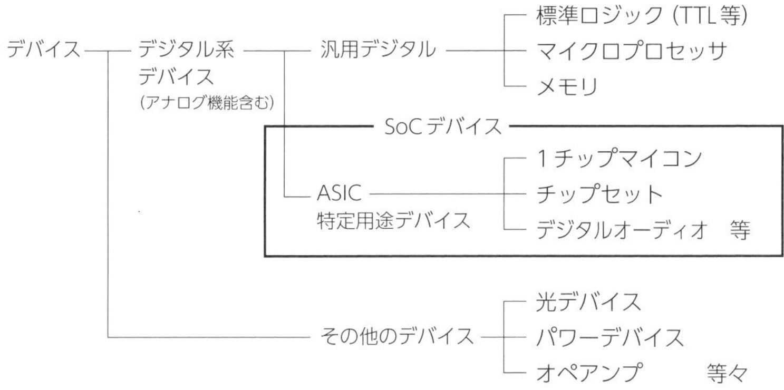

図3-42　SoCデバイスの位置づけ

ASICは特定ユーザーかつ特定用途を対象にしたUSIC（User Specific IC）と、特定ユーザーを対象にしないが特定用途を対象にしたASSP（Application Specific Standard Product）に分かれます。一般的には、特定ユーザーかつ特定用途を対象にしたUSICのことをASICと呼ぶことが多いです。

USICは、大きく分けて、人手による設計が必要なフルカスタムと、自動設計が可能なセミカスタムに分かれます。フルカスタムは品種ごとに一から設計するため、使用ゲート数や回路のレイアウトなどの面で設計裕度が大きくなります。しかし、回路設計に時間やコストがかかってしまいます。セミカスタムは、セルと呼ばれるある程度まとまった回路の塊の間を配線するのみのため、自動化に向き、回路設計に時間やコストがかかりません。しかし、フルカスタムに比べると、使用ゲート数や回路のレイアウトなどの面で設計裕度が小さくなります。セミカスタムのUSICの設計・製造には、以下の3つのアプローチ（ゲートアレイ、セルベースIC、PLD/FPGA）があります。

(1) ゲートアレイ

ゲートアレイはASICの代表ともいえるデバイスです。図3-43に示すように、チップ上にユニットセルと呼ばれるロジックゲート（例えばNAND）をあらかじめ配列しておき（拡散用マスク）、ユーザーで設計した論理回路に基づいた配線をこれらのゲートに対して施すことにより（配線用マスク）、デバイスを作製します。したがって、配線工程までは、ゲートを配列しただけのチップを用意するだけなので、製造工程が単純で非常に短期の開発が可能です。ただし、すべてのゲートを配線することはないため、使用しないゲートが多数残り、かつ、ゲート間の配線に制限があるため、設計裕度がスタンダードセルに比べると小さくなります。

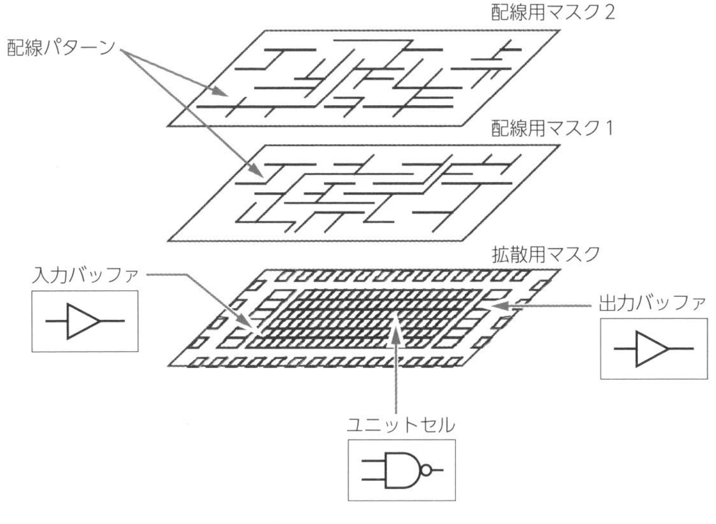

図3-43　ゲートアレイのマスク

(2) セルベースIC

セルベースICは、図3-44に示すように、半導体メーカーが用意したRAM、CPU、カウンタなどのセルライブラリを用いて設計するASICです。ゲートアレイのようにゲートレベルでの配線が行えない半面、セルライブラリを組み合わせるだけで設計ができます。また、セルライブラリは半導体メーカーで最適に設計がされているため、ゲートアレイのようにゲート間の配線による遅延時間差の影響を考慮する必要もなく、チップ上に配線していないゲートが余ることがほとんどありません。ただし、既存のセルライブラリでは満足できず、セルライブラリを新規に設計する必要がある場合は、ゲートアレイが配線工程以降の変更のみで仕様を満足できるのに対して、セルは、最初からすべてのプロセス工程にわたって設計する必要があります。したがって、このような場合は、設計期間がやや長く、製造コストも高くなります。

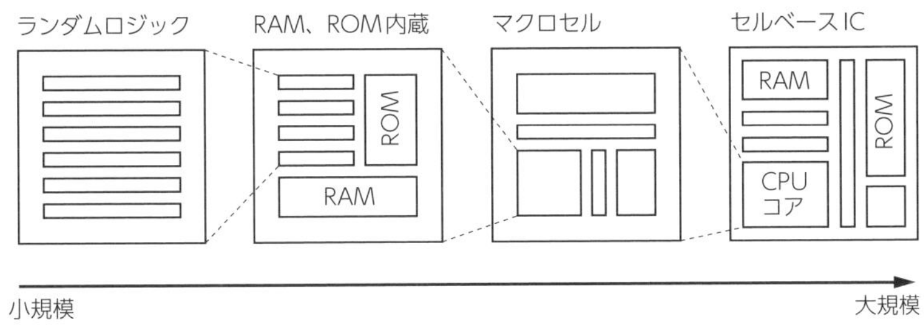

図3-44　セルベースIC

(3) PLD/FPGA

PLDやFPGAは、ユーザーが開発言語を利用して任意に論理回路仕様をプログラムすることができるデバイスです。PLD (Programmable Logic Device) は、ユニットセルがANDアレイとORアレイから構成され、数十から数百ゲート規模の回路を実現できます。

FPGA (Field Programmable Gate Array) はPLDが発展したもので、論理ブロック構造を持つためにPLDより複雑な回路を実現できます。近年では、DSP (Digital Signal Processing) ブロックを持つFPGAもあります。FPGAでの回路仕様を表すプログラムは、これらのチップに内蔵されているRAMやROMにデータを書き込んだりチップ内部のヒューズを電気的にカットしたりすることで設定されます。最近では、専用回路を持つシステムにおいて、出荷後の軽微な修正や変更が容易であることからFPGAを使うシステムが増えています。さらに、FPGAのハードウェアを再構成可能な特徴を生かして、人工知能を利用したアプリケーションの演算処理の高速化のための技術としても期待されています。

3.9 2.5D/3Dデバイス

電子システムの実現方法は時代とともに変化してきています。従来、電子システムは主に複数の電子部品（集積回路や受動部品などを含む）をPCB（Printed Circuit Board）上で実装するSoB（System on Board）技術で実現されていました。SoBは開発期間が短くコストが安いという利点がある半面、小型化、高性能化、低消費電力化を達成することは困難です。ここ十数年、電子システムの構成に必要なすべての機能を単一の集積回路チップ上に集積することが可能になり、その結果電子システム全体を1チップで実現するSoC技術が確立されました。SoCは小型化、高性能化、低消費電力化の面で極めて有利ですが、開発期間が長く設計・製造コストが非常に高いという欠点があります。近年、SoBとSoCの中間に位置し、両者の利点をある程度兼ね備えた電子システム実現技術として、SiP（System in Package）が注目を集めています。SiPとは、単体のパッケージ内で様々な機能を有する複数の集積回路（LSIチップとも呼ぶ）や電子部品を集積化することによって電子システムを実現する実装技術です。SiPはSoCと比べ開発期間が短くコストが安く、SoBと比べ小型化、高性能化、低消費電力化の面において優れています。

SiPを実現する主な技術はMCP (Multi Chip Package) で、電子システムを構成する複数のLSIチップを単一パッケージに実装するものです。MCPによって、一般的なインターポーザ基板を用いて複数LSIチップを平面的に集積化したり、LSIチップを縦方向に積層したりすることができます。特に後者は、実装密度を飛躍的に向上させるほか、LSIチップ間の配線距離を短くしSiPの性能を向上させることが期待できるので、近年注目を集めています。以下では、様々なMCP実装技術で実現されるデバイスについて紹介します。

3.9.1　2.5Dデバイス

2.5Dデバイス (2.5次元デバイス) は、インターポーザを用いて複数のLSIチップを相互接続したものです。この実装技術は基本的に簡単なため、製造面のリスクが少ないです。図3-45はシリコンインターポーザ (Siインターポーザ) による2.5D実装の例を示しています。

Siインターポーザは配線のみを作り込んだSiチップで、その上に複数のLSIチップを実装するSiPの実現手段の一つです。元々、メモリ・バスの高速化に適したSiP実現手段の一つとして提案されていました。LSIチップ間の配線の役割をSiインターポーザが担うことによって、配線長や配線幅を小さくできるため、周波数の高い信号で問題となる配線の寄生容量や配線長のばらつきなどを減らせ、高周波回路の設計が容易になります。また、LSIチップ間の配線はSiインターポーザ内で完結するので、メイン基板へ接続する端子が少なくなります。

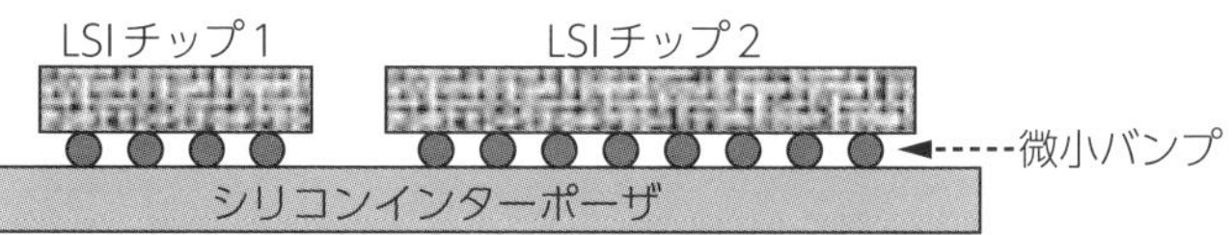

図3-45　Siインターポーザによる2.5D実装の例

3.9.2　3Dデバイス

3Dデバイス（3次元デバイス）は、複数のLSIチップを積み重ね、垂直に相互結線したものです。主な3D実装技術としては、積層MCP、PoP、CoC、TSVを用いたMCPなどがあります。

(1) 積層MCP

積層MCP（Multi Chip Package）は図3-46に示すように、インターポーザ上で複数のLSIチップを積層したものです。出来上がったパッケージの厚さを抑えるため、個々のLSIチップの薄型化が必要です。また、それぞれのLSIチップのインターポーザとの電気的接続には一般的にワイヤ・ボンディングが用いられます。このため、接続のための信号配線はLSIチップの周辺からしか取り出せないという制約があります。積層MCPは、主にフラッシュメモリなどの半導体メモリの高密度実装技術として利用されています。

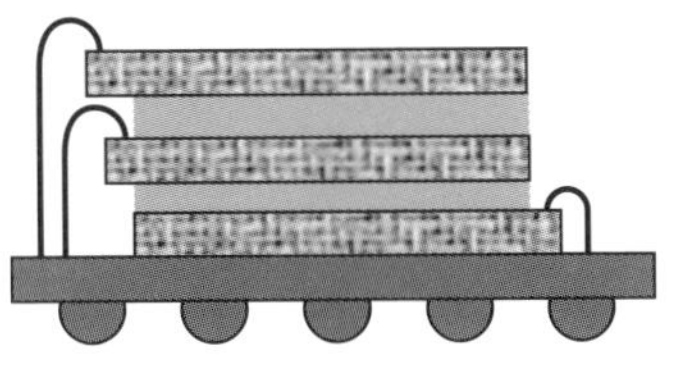

図3-46　積層MCPの例

(2) PoP

PoP (Package on Package) は図3-47に示すように、インターポーザを用いて内部にLSIチップが実装された複数のパッケージをはんだボールなどで積層したものです。インターポーザの裏面に形成されたはんだボールでパッケージ間を接続することが特徴です。PoPはワイヤ・ボンディングで行われている上下のチップ同士の接続方式と異なり、高密度実装と高速信号伝送の面で優れています。また、パッケージ後のテストによって選別された良品のパッケージのみを実装することができるため、高い実装歩留まりが期待できる利点もあります。

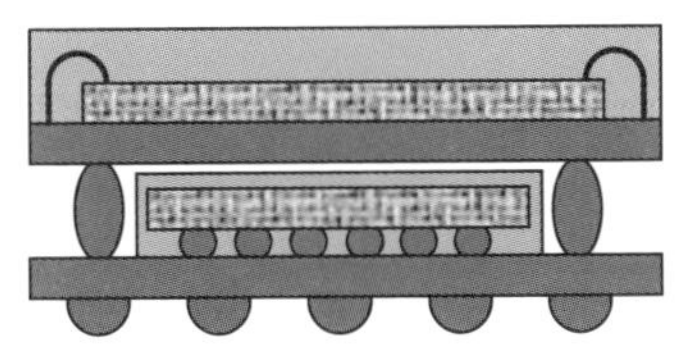

図3-47　PoPの例

(3) CoC

CoC (Chip on Chip) は図3-48に示すように、LSIチップの上にもう1つのLSIチップを重ね表面の回路側どうしをバンプで接続した構造です。ワイヤ・ボンディングで行われている上下のチップどうしの接続方式と異なり、フリップチップのようにLSIチップ表面に格子状に配置された多数の小さいバンプ（マイクロバンプとも呼ぶ）を用いることが特徴です。マイクロバンプにより短距離で高密度のチップ間接続が可能になりますが、Face-to-Faceで積層するため、積層数は2層に限定されます。

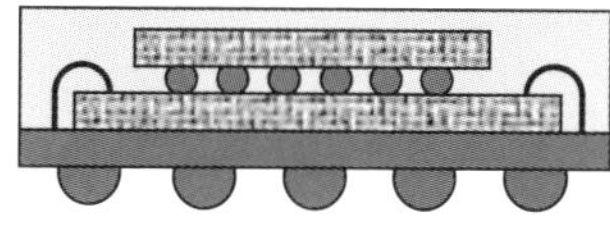

図3-48　CoCの例

(4) TSVを用いた積層MCP

TSV (Through Silicon Via) はチップの表面と裏面を貫通しているシリコン貫通電極のことです。TSVを利用することで、複数のチップを立体的に積み重ねて1つのパッケージに収めることができます。図3-49はその一例を示しています。ワイヤ・ボンディングで行われている上下のチップどうしの接続方式と比べ、TSVを用いることによってチップ間がより短距離でより高密度に接続されます。TSVを用いた積層MCPは一般的なCoC実装と異なり、積層数に原理的な上限はありません。このため、多くの機能を小さなパッケージの中に詰め込めるという大きな利点があります。さらに、TSVを用いた場合、チップどうしの接続経路の数が多くなり長さが短くなるために、機能処理の高速化が図れます。このように、TSVを用いた積層MCPは、3Dデバイスの究極の実装技術として、3次元フラッシュメモリに適用されています。

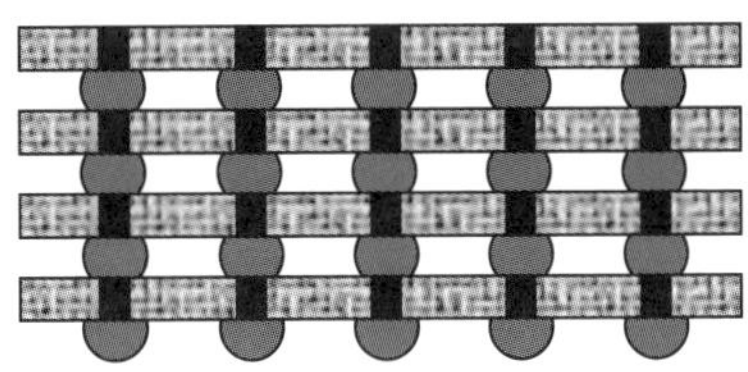

図3-49　TSVを用いた積層MCPの例

3.10 パワーデバイス

パワーデバイスはアナログ半導体に属する電力制御用の半導体素子です。電力制御用に最適化されており、パワーエレクトロニクスの中心部品です。家電製品やコンピュータなどに使われている半導体素子に比べて、高耐圧・大電流を制御することができる他、高周波動作が可能なものも多いです。以下では、主なパワーデバイスについて紹介します。

3.10.1 整流ダイオード

整流用ダイオードはダイオードが電流を一方通行にしか流さない特性を利用して、一般電源である交流から直流にする整流機能を果たすダイオードです。

図3-50 (1) に示すように、タイオードの構造として、N型シリコンの中にP層を形成したPN結合型と、N型シリコン上に金属 (バリアメタル) を積み重ねたショットキー型とがあります。PN接合型には、さらにメサ型とプレナー型があります。2つの外部端子はP側 (ショットキー型では金属) がアノード、N型がカソードです。

図3-50 (2) に示すように、順方向 (アノードからカソードへ) に電圧をかければ電流が流れます。逆方向 (カソードからアノードへ) に電圧をかけても、ある電圧までは電流がほとんど流れません。この電圧の限度を逆耐圧といいます。図3-50 (3) に示す逆耐圧200Vの例では、逆方向にかける電圧が200V以下の場合わずかな漏れ電流しか流れませんが、それ以上の電圧がかかると電流が流れるようになり、タイオードとしての機能が失われます。

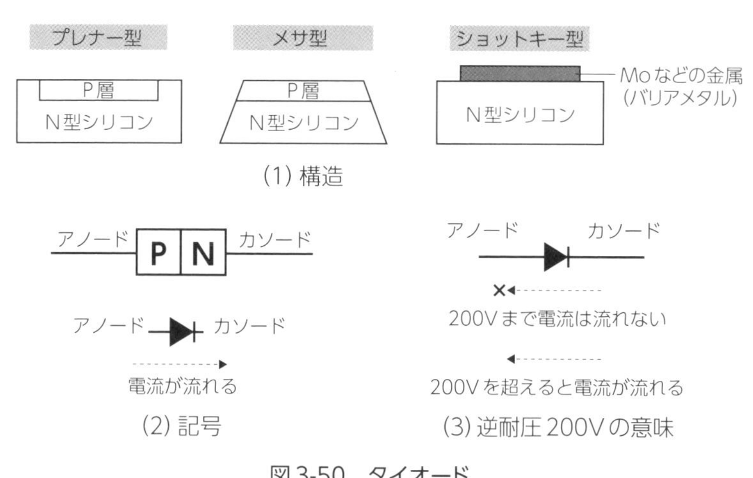

図3-50　タイオード

パワーデバイスとしての整流用ダイオードは高電圧・大電流の環境で使用されるため、大容量性（逆耐圧が高い、逆漏れ電流が少ない、順方向電圧が低い、順方向電流を多く流せる、許容電力が大きい、容量負荷として作用しない）を持つ必要があります。特に大電流用は発熱するため、放熱器を取り付けて使うことが多いです。

3.10.2 パワーバイポーラトランジスタ

パワーバイポーラトランジスタ（Power Bipolar Transistor）は電動機の制御など、特に大きな電力（kWオーダ）を取り扱うために開発されたバイポーラトランジスタのことです。パワートランジスタとも呼ばれることもあります。パワートランジスタはスイッチング素子として使用されます。

図3-51（1）と図3-51（2）はそれぞれバイポーラトランジスタの構造とスイッチモデルを示しています。入力電圧$V_B = 0V$ではベース電流がゼロになり、コレクタ電流は流れず、トランジスタは図3-51（2）（a）のスイッチモデルで示すようなオフ状態となります。この場合、供給電圧V_{CC}が出力電圧V_Oとして出力されます。入力電圧を十分なベース電流が流れるように高くすると（例えば、電源電圧）、コレクタ飽和電流$I_C = V_{CC}/R_C$が流れ、図3-51（2）（b）に示すようなトランジスタはオン状態になります。この場合、出力電圧V_Oは0V近くまで低下します。バイポーラトランジスタはこのようにスイッチング素子として動作します。

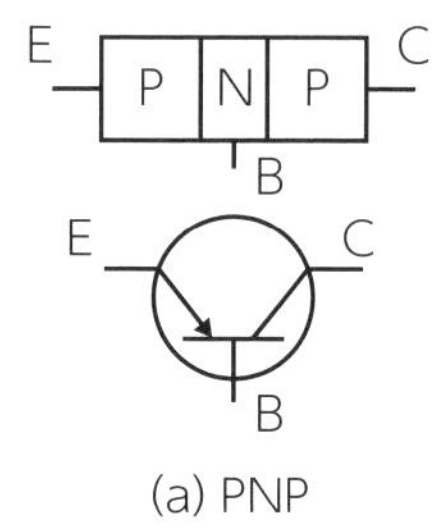

(a) PNP

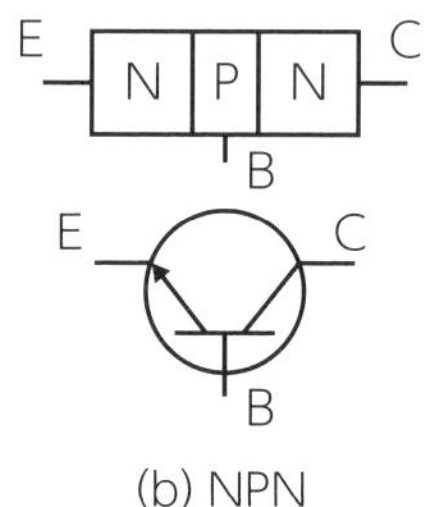

(b) NPN

(1) 構造

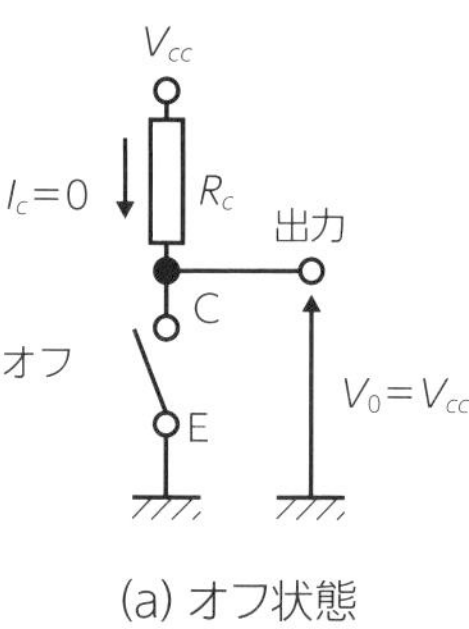

(a) オフ状態

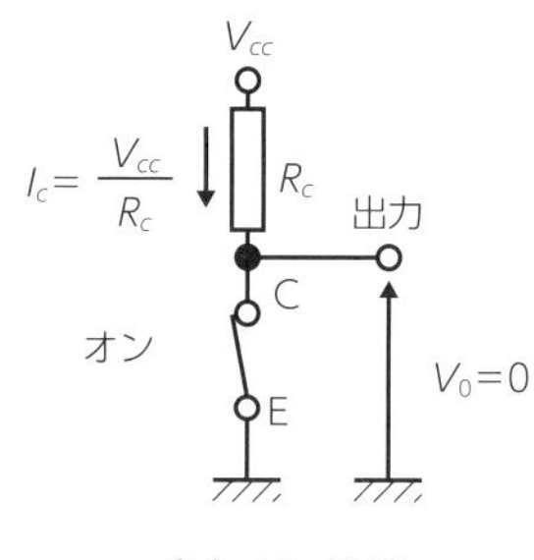

(b) オン状態

(2) スイッチモデル

図 3-51　パワーバイポーラトランジスタ

サイリスタに比べてスイッチング時間が短く、転流回路が不要で転流損失がないなどの利点を持っています。パワートランジスタとして重要な特性は、耐圧耐量、電流容量、安全領域などです。なお、安全領域はトランジスタを破壊させせることなく使用できる電圧・電流の範囲を示したものです。

3.10.3　パワー MOSFET

パワー MOSFET (Power MOSFET) は大電力を取り扱えるように設計されたMOSFET (Metal-Oxide-Semiconductor Field-

Effect Transistor）のことです。スイッチングが速く低電圧領域（～200V）での変換効率が高いことから、DC-DCコンバータやスイッチング電源等として使用されることが多いです。

パワーMOSFETには、NチャネルMOSFETとPチャネルMOSFETの2種類があります。図3-52はDMOS（Double-Diffused MOSFET）と呼ばれる構造のプレーナゲート型NチャネルMOSFETの構造と記号を示しています。

NチャネルMOSFETはドレインを基板の下面に形成し、縦方向にドレイン電極からソース電極に向かって電流を流す方式がとられます。信号処理用のMOSトランジスタではチャネル部分の拡散は1回で比較的高いオン抵抗値を有したのに対し、DMOSではチャネル部分への2回の拡散での横方向への広がりの差（P^+とN^+が接続されている）を利用してチャネル長を大幅に短くし、トランジスタのオン抵抗を非常に低くしています。

オン抵抗は、パワートランジスタの最も重要な特性で、オン抵抗が小さいとジュール熱として無駄な電力を多く発生させないことになります。この構造（単位セル）が多数並列接続され、1つの素子となっています。DMOS構造のパワーMOSFETは製造工程が少なく、コストを抑えられることから広く生産されています。

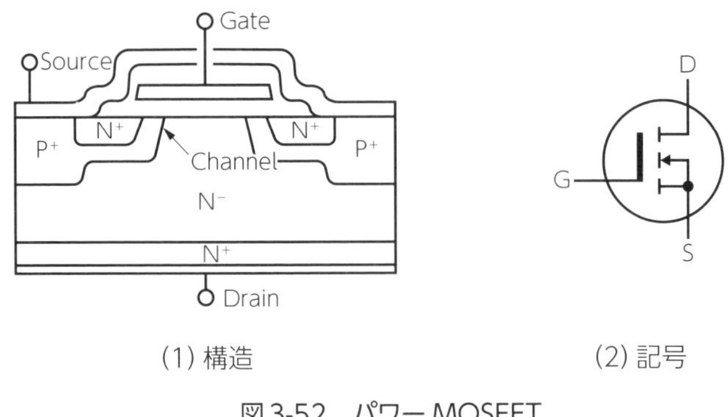

(1) 構造　　(2) 記号

図3-52　パワーMOSFET

3.10.4　IGBT

IGBT (Insulated Gate Bipolar Transistor) は絶縁ゲートバイポーラトランジスタのことです。IGBTは図3-53 (1) に示すように、PNPバイポーラトランジスタのゲート部にMOSFETを組み込んだものです。そのメリットは、バイポーラトランジスタの低いオン抵抗と、MOSFETのゲート電圧駆動です。これによって、電圧制御型のMOSFETの高耐圧に伴って高くなるオン抵抗による発熱と、バイポーラトランジスタの低いスイッチング速度といった2つの欠点を解消することができます。

IGBTは図3-53 (2) に示すように、ゲート・エミッタ間の電圧で駆動され、入力信号によってオン・オフができるので、大電力の高速スイッチングが可能な半導体素子として電力制御に使用できます。なお、IGBTの中のNPNトランジスタは所要の機能動作とは無関係のため、寄生トランジスタと呼ばれます。

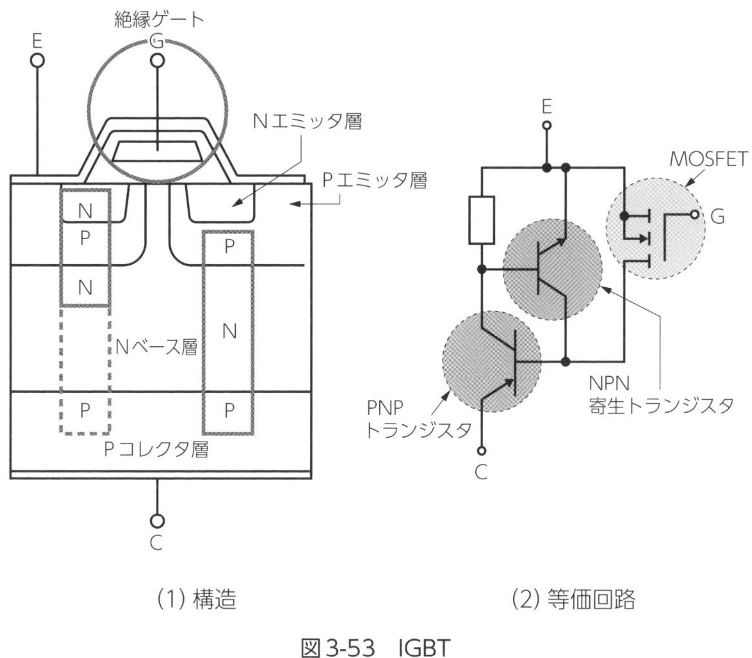

(1) 構造　　(2) 等価回路

図3-53　IGBT

3.10.5　サイリスタ

サイリスタ (Thyristor) とは3端子 (ゲート (G)、カソード (K)、アノード (A)) を持ち、主にGからKへゲート電流を流すことにより、AとK間を導通させることができる半導体素子です。SCR (Silicon Controlled Rectifier：シリコン制御整流子) とも呼ばれます。

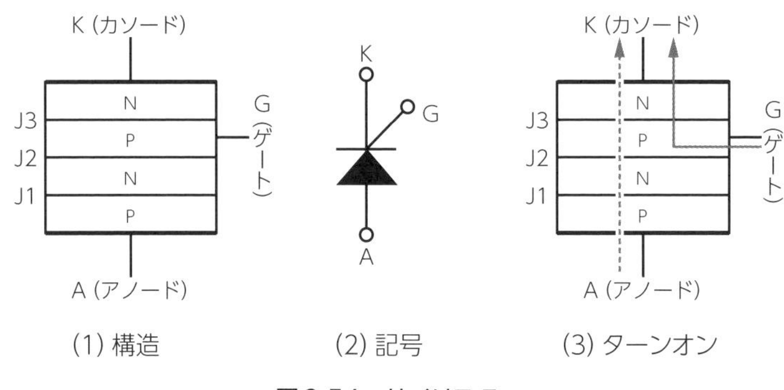

図3-54　サイリスタ

図3-54はサイリスタの構造、記号およびターンオン状態を示しています。図3-54 (1) に示すように、サイリスタはダイオードを2つ重ね合わせたようなもので、Aから順にある3つのPN接合部(J1、J2、J3) を持っています。J1とJ3はP型半導体からN型半導体に接合され順バイアスとなっていますが、J2はN型半導体からP型半導体に接合されている逆バイアス状態です。このため、Aに正電圧を加えるだけではJ1は通過できるものの、J2ではわずかな漏れ電流が流れるだけであり、実用上は電流が停止した状態です。

しかし、サイリスタに対して順バイアスをかけてからGからKへ電流を流すと、J2からJ3への漏れ電流が加速されてなだれ降伏を起こし、AとK間が導通します。ゲート電流を止めても、AからKに向けて流れる電流は流れっぱなしになるのです。この現象を「ターンオン」といいます。このように、小さいゲート電流でAとK間の大きな電流を制御できるわけです。

3.10.6　ゲートターンオフサイリスタ

ゲートターンオフサイリスタ（Gate Turn-Off Thyristor）はGTOサイリスタとも呼ばれます。図3-55はGTOサイリスタの構造、記号、ターンオン状態およびターンオフ状態を示しています。

一般のサイリスタと同様に、GからKへ小さいゲート電流を流せば、ターンオン状態になりAとK間が導通します（図3-55（3））。しかし、一般のサイリスタの場合、AとK間の電流を止める（ターンオン）場合、AとK間の電流を止めるか、逆にKからAに向けて電流を流す必要があります。これに対して、GTOサイリスタでは、KからGへ小さいゲート電流を流すことによって、AとK間の電流がストップするターンオフ状態にします（図3-55（4））。このように、GTOサイリスタは一般のサイリスタより簡単にターンオフできる便利なパワーデバイスです。

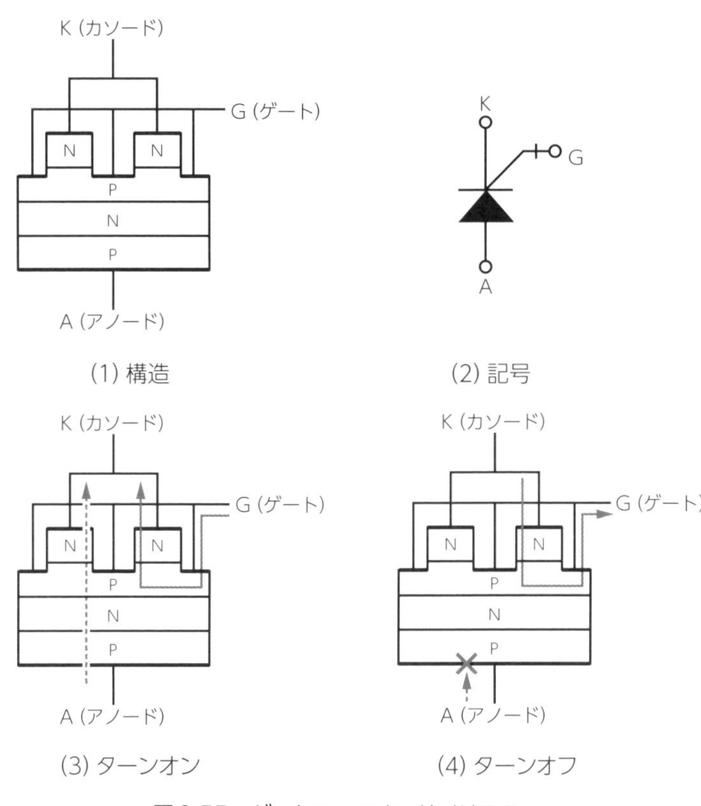

図3-55　ゲートターンオフサイリスタ

3.10.7　トライアック

トライアック (TRIAC) はTriode AC Switchの略で、双方向サイリスタのことです。トライアックは、相補的な2個のサイリスタを逆並列に接続する構成をとることで、双方向に電流を流すことを可能とし、直流だけでなく交流でも使えます。実際の素子は、2個の素子を接続したものではなく図3-56に示すようなモノリシック構造となっています。

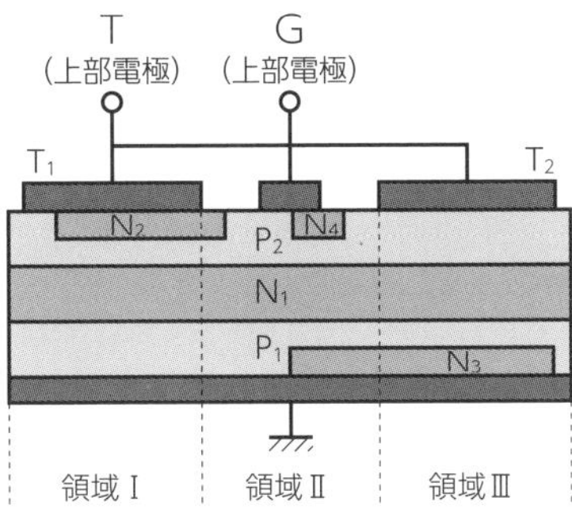

図3-56　トライアック

3.10.8　次世代パワーデバイス

電子回路システムの性能向上のためには、デバイス・回路・システムのそれぞれの視点からのソリューションを考える必要があります。たとえば電源回路の高速応答・高効率化・大電流負荷の対応のためには回路やシステム的な工夫もさることながら、従来のシリコン系デバイスよりもSiC、GaN等の化合物半導体（ワイドバンドギャップ半導体）をスイッチとして用いると低オン抵抗・高速スイッチング・高耐圧・小型の総合的な性能指標が極めて良いものを達成できます。その材料・デバイスおよびドライバ回路等のデバイスを使いこなす技術の研究開発が国内外で活発に行われています。しかしこれらのパワー系化合物半導体の市場への普及を妨げている要因の一つはデバイスのコストが高いことであり、信頼性向上とともに低コスト化が図られています。

SiCは電気自動車（EV）を含めた車載用パワーデバイスおよび鉄道用パワーデバイスとして高耐圧で使用されています。また熱伝導度が良く耐放射線特性があるので高温・放射線などの過酷環境下でも安定して動作しなければならない応用（原子炉内部、宇宙航空分野等）で実用化が進みつつあります。GaNはパワーデバイスとして中耐圧で使用されています。また小型の電源回路にも応用されています。携帯基地局・カーナビ受信機・レーダーなどの高周波デバイスおよび発光デバイスとしても使用されています。

半導体の試験項目

Chapter 4
Test Items

4-1　半導体試験装置によるデバイス試験の概要
4-2　ファンクション試験
4-3　DC 試験
4-4　AC パラメトリック試験
4-5　その他の試験項目
4-6　メモリデバイスの試験項目
4-7　RF デバイスの試験項目
4-8　インタフェースデバイスの試験項目
4-9　イメージャの試験項目
4-10　A/D、D/A 変換デバイスの試験項目
4-11　2.5D/3D デバイスの試験項目
4-12　大規模 SoC の試験

4.1 半導体試験装置によるデバイス試験の概要

なぜ半導体デバイス試験が必要なのでしょうか。

その理由は2つあります。1つは、対象デバイスがデバイスの仕様書（スペックシート）通りの特性を持っているかどうか、2つ目は、逆にデバイスの仕様を決定するための特性評価のためです。前者は「検証（verification）」であり、後者は「測定（measurement）」です。両者は厳密には区分されるべきだという主張がありますが、半導体業界では、どちらも「試験（testing）」という1つの概念で定義されています。

本節では、「デバイス試験」とは何かを、目的、項目別に整理します。

4.1.1 デバイス試験の目的

デバイス製造プロセスによって、デバイス試験には下記の目的があります。

(1) 特性評価（characterization）

デバイスの実力測定を特性評価といいます。デバイスのスペックを決定するためには、デバイスの持つ性能がどの程度かを実際に測定し、いくつかのエンジニアリング・サンプル（engineering sample）の実測値からスペックを決定します。これを特性評価試験といいます。したがって、設計が正しいかどうか、あるいは、性能がどの程度なのかを十分に調べることが目的なので、テストシステムの精度が非常に重要となります。

(2) 検証 (verification)

デバイスが設計通りに動作するかの検証です。特性評価のような厳密な測定ではなく、論理設計が正しいかどうかを簡単に試験します。最高動作周波数など、スペックの最大 (最小) 値での試験は行わず、比較的緩い条件で試験します。

(3) 生産ラインでの検査 (production test)

デバイスの出荷前やパッケージングの前段階での、デバイスの品質検査です。

複数項目でのデバイス試験を行い、1項目でもFAILがあれば、そのデバイスは不良品として破棄するか、リペアの工程に回します。一般には大量のデバイスを短時間で試験することが要求されるので、特性評価試験とは異なる方法で試験されます。例えば最高動作周波数の実際の値を調べるのは特性評価ですが、スペックで規定された最高動作周波数で正常に動作するかどうかを試験するのが、生産ラインでの試験になります。

多くの場合、測定対象デバイス (Device Under Test：DUT) を半導体試験装置の測定インタフェース部 (パフォーマンスボード等と呼ぶ) にロードするのに、ハンドラやウェーハプローバを用いて、デバイスロード作業を自動化して効率的に処理します。

(4) バーンイン試験 (burn-in test)

初期不良低減を目的として行う試験です。劣化予測のためのデータ取得も可能です。現実的には、何カ月もの長期間デバイスを試験し続けることは不可能なので、デバイスを恒温槽に入れ、温度ストレスを加えることで疑似的な経過変化を起こしながら試験します。

バーンイン試験前に、恒温槽の温度と経過時間との相関関係のデータがあらかじめ用意されている必要があります。

バーンイン試験では、すべてのデバイスの試験をする全数バーンイン試験と、定期的に抽出したいくつかのサンプルだけを試験する抜き取り検査 (sampling inspection) の２種類の方法があります。高い信頼性が要求されるデバイスでは、出荷後の初期故障率をできる限り小さくする必要があるため、すべてのデバイスに対してバーンイン試験を行います。一方、テストコストが優先される用途においては、バーンイン試験は抜き取り検査で行います。

4.1.2 デバイス試験の実行方式

試験の実行方式は、デバイスを検証する試験方式か、デバイスを測定する方式かの２つに大別できます。前者をGO/NOGO試験、後者をパラメトリック試験と呼びます。

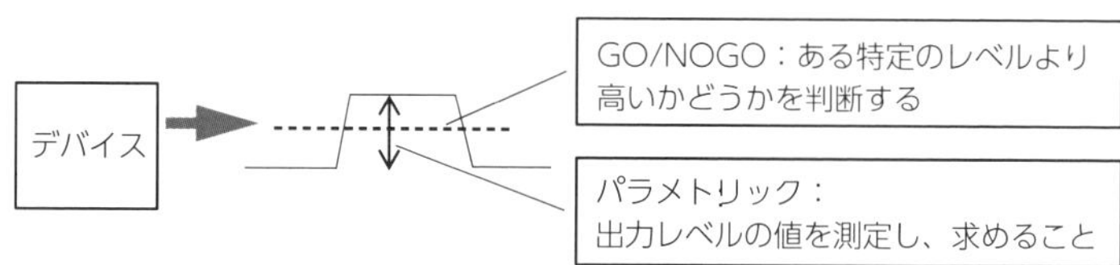

図4-1 GO/NOGO試験とパラメトリック試験の違い

(1) GO/NOGO試験 (GO/NOGO test)

GO/NOGO試験はデバイスのスペック (スペックシート記載の特性データの最大値や最小値など) を満足するか否かだけを判定する試験方式です。スペックを満足することをPASS (GOを意味する)、満足しないことをFAIL(NOGOを意味する)と呼びます。実行時間が短いので、主に生産ラインでの試験に用いられます。

通常は、複数のGO/NOGO試験項目を順番に実行し、ある項目実行中にFAIL判定された場合は、以降の試験実行をスキップして、被測定デバイスを「不良品」または「要リペア」と判定します。すべての試験項目がPASSした場合のみ「良品」と判定します。

(2) パラメトリック試験 (Parametric test)

パラメトリック試験は試験項目ごとに電圧、電流、時間などの具体的な値の測定結果を得る試験方式です。デバイス内部の不良状態や、DCパラメータ、ACパラメータなどのアナログ量の測定結果を表示します。主に特性評価用として実行されるため、デバイスのPASS/FAILにかかわらずすべてのテスト項目のデータを取得します。そのため実行時間はGO/NOGO試験に比べて長くなります。

ファンクション試験のFAIL発生時には、入出力論理のデータからデバイス内部の不具合箇所を特定します。DCパラメータ、ACパラメータの測定は、デバイスの性能を測定することになります。これはデバイスのスペックシートに記載する保証値を決定するためです。このため測定精度が重要視されます。

4.1.3　デバイス試験の項目

デバイス試験の項目は、通常スペックシート記載のパラメータの項目に対応しています。試験項目全体を以下の4項目に大別します。

(1) 機能試験(ファンクション試験)

スペックシート内の真理値表やデバイスのシミュレーションモデ

ルをもとに入力信号を与え、それに対するデバイスからの出力信号の論理値が期待値通りかどうかを、実動作時の動作周波数・電圧条件等の下でGO/NOGO試験にて判定する試験です。

(2) DC特性試験

スペックシート内のDC特性表記載の項目をパラメトリック試験にて測定する試験です。さらに下記4項目に分類されます。

- 接続試験
- 入出力電流試験
- 入出力電圧試験
- 電源電流試験

(3) 入出力信号の時間量の測定

(ACパラメトリック試験、周波数試験、ジッタ測定など)

スペックシート内のAC特性表記載の項目をパラメトリック試験にて測定する試験です。主に下記の2項目に分類されます。

- タイミングパラメータ試験
- 周波数測定

(4) デバイスのマージンを評価する試験(シュムープロットなど)

DC特性やAC特性の規定値からのマージンを測定します。

各項目は、測定対象の種類によってさらに細かく分類されます。

4.1.4 テストプラン

試験項目の組み合わせとその実行の流れをテストプラン (test plan) と呼びます。特に生産ライン用試験では、デバイス試験のために最適な試験項目を抽出し、効率の良いフローのテストプランを作成します。

以下に、テストプラン作成の手順例を説明します。

[手順1] 試験項目抽出

「4.1.3 デバイス試験の項目」節で説明した試験項目から実行する項目をいくつか抽出します。抽出された項目はさらに細分化されます。例えばファンクション試験は下記のように分類します。

・電源電圧値のTYP (標準)、MAX、MINごとの試験

・デバイス動作周波数ごとの試験

[手順2] 試験条件決定

細分化された試験項目それぞれに試験条件を決定します。試験条件は、スペックシートに記載されている様々なデータから抽出します。

デジタルデバイスのファンクション試験の仕様には、基本的に以下の3つの情報が必要です。

①論理データ

②入出力信号のタイミングデータ

③入出力信号のDCレベルパラメータ

これらのデータは、デバイスのスペックシートの、①真理値表、②DC特性、③スイッチング特性の各データ表から抽出します。ま

た、それぞれの試験項目に試験番号（test ID）とカテゴリー番号（生産試験用の場合）を与えます。

[手順3] 試験方式の決定

試験項目それぞれについて、GO/NOGO試験かパラメトリック試験か決定します。

[手順4] 実行フロー

デバイスの試験項目を、基本的かつ一般的な試験項目から、次第にデバイス品種に特化した試験項目へと移行する順序で実行フローを決めます。一般的には以下の順番で試験項目（大きな項目）を実行します。

接続試験→入力電流試験→ファンクション試験→電源電流試験
→タイミングパラメータ試験→……

さらに、上記の各項目内で、細分化された試験項目の順番を決めます。例えばファンクション試験では、電源電圧TYP→MAX→MINの順番で試験します。

生産ライン用の試験（GO/NOGO試験）では、単純な試験項目を先に実行し、そのあとで徐々に複雑な 試験を続けます。例えば接続試験を最初に実行し、そのあとで入力電流試験、ファンクション試験…と続きます。生産ラインでは、単純な試験でFAILするデバイスについて、以降に続く試験を続行する意味がないので、できるだけ早くフローを終了させ、次のデバイスを測定するためです。

[手順5] 目的別にフローを編集

試験の目的に応じた試験項目を選択し、[手順4] のフローを編集します。

例えば、GO/NOGO試験だけを行う場合と、パラメトリック試験も行う場合を考え、テストプランを完成させます。

図4-2にテストフローの例を示します。

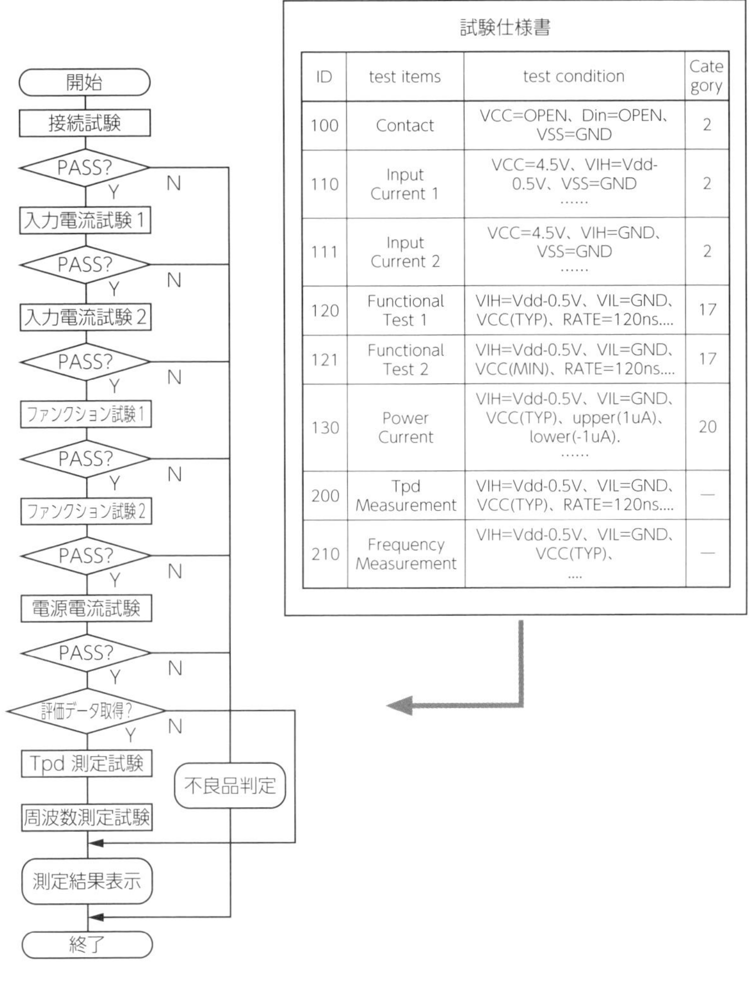

ID	test items	test condition	Category
100	Contact	VCC=OPEN、Din=OPEN、VSS=GND	2
110	Input Current 1	VCC=4.5V、VIH=Vdd-0.5V、VSS=GND ……	2
111	Input Current 2	VCC=4.5V、VIH=GND、VSS=GND ……	2
120	Functional Test 1	VIH=Vdd-0.5V、VIL=GND、VCC(TYP)、RATE=120ns....	17
121	Functional Test 2	VIH=Vdd-0.5V、VIL=GND、VCC(MIN)、RATE=120ns....	17
130	Power Current	VIH=Vdd-0.5V、VIL=GND、VCC(TYP)、upper(1uA)、lower(-1uA). ……	20
200	Tpd Measurement	VIH=Vdd-0.5V、VIL=GND、VCC(TYP)、RATE=120ns....	—
210	Frequency Measurement	VIH=Vdd-0.5V、VIL=GND、VCC(TYP)、	—

図 4-2　テストフロー

4.1.5　様々なデバイス用の半導体試験装置

半導体試験装置はテスタ、テストシステムとも呼ばれ、様々なデバイスに対してそれぞれの用途に適した半導体試験装置があります。ロジックテスタ、SoCテスタ、アナログテスタ、ミクストシグナルテスタ、メモリテスタなどです。

一般的に、テスタはメインフレーム、テストヘッド、ユーザーインタフェースとしての操作端末から構成されます。図4-3にSoCテスタの写真を示します。

図4-3　SoCテスタ

メインフレームには、メイン電源、システムコントローラなどが格納されており、テストヘッドに搭載されている測定モジュールと通信を行い、各測定モジュールを制御します。

以下、様々なテスタの構成について簡単に紹介します。

(1) ロジックテスタ/SoCテスタ

汎用ロジックテスタはデジタルデバイスの試験を行うテスタです。

ロジックテスタのテストヘッドには、デバイス電源モジュール (Device Power Supply：DPS) とデジタルモジュール (Digital Module) が搭載されています。DPSは測定デバイス (Device Under Test：DUT) へ電源を供給する役割を持ちます。デジタルモジュールは、1ピンごとにピンエレクトロニクスを持ち、DUTのDC特性測定、DUTへの入力信号発生、DUTからの出力信号判定を行います。

近年では、後述するアナログテスタに利用されるアナログモジュール、メモリテスト機能などを追加モジュールとして搭載可能とすることで、ロジックデバイスのみの試験だけでなく、SoCデバイスの試験が可能なSoCテスタとして提供されることが一般的です。

(2) アナログテスタ/ミクストシグナルテスタ/RFテスタ

アナログデバイス、ミクストシグナルデバイス、RFデバイスなどの試験に適したテスタです。デバイス電源モジュール (DPS) に加えて、アナログデバイス、RFデバイスのDC試験向けの高精度な電流/電圧源、電流/電圧測定器を持つことでアナログピンの高精度測定が可能であり、また、広帯域の波形ディジタイザ/任意波形発生器/スペクトラムアナライザによる機能試験も行います。図4-4にアナログテスタの写真を示します。

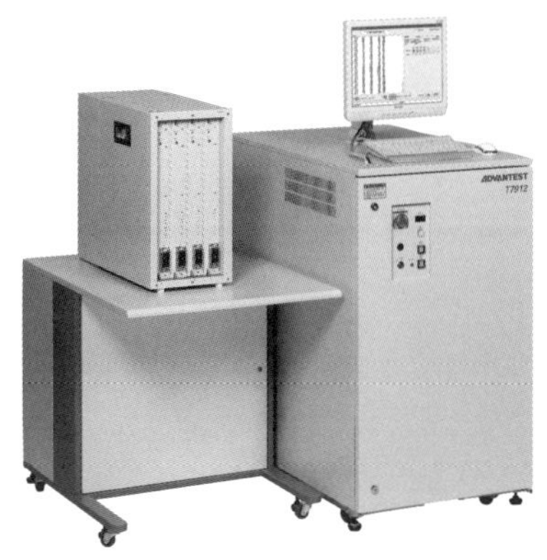

図4-4　アナログテスタ

なお、DC試験測定器に関しては「はかる×わかる半導体　応用編」3.1.1節「半導体のテスト工程」に詳しい説明がありますので、そちらも参照ください。

(3) メモリテスタ

メモリの試験に特化したテスタとしてメモリテスタが一般に用いられます。大容量メモリデバイスではロジックデバイスと比較して、非常に長いテスト時間が必要なため、複数のメモリデバイスを同時に測定する同時測定機能に対応しています。また、汎用メモリではインタフェースが規格化（DDR3、DDR4、DDR5など）されており、それらの規格に沿った試験を行うための高速信号モジュール、CRCコード生成ハードウェア、メモリテスト用のテストパターン発生器などの搭載によってメモリ試験をより効率的に行うことが可能な装置となっています。

図4-5にメモリテスタの写真を示します。

図4-5　メモリテスタ

(4) イメージャ向けテスタ

図4-6にイメージャLSIの一例を示します。図からわかるように、イメージャは、撮像デバイス、DSPなどのロジック部、画素読み出しのための高速インタフェース、A/D変換器、D/A変換器などのアナログ回路などから構成されており、システム・オン・チップ(SoC)として構成されています。従って、上述のSoCテスタを光源装置と組み合わせて使用することで試験を行います。その際に、メモリデバイスと同様に試験時間が非常に長くなるため、複数デバイスの同時測定を行うことで試験時間の短縮を図ることが一般的です。

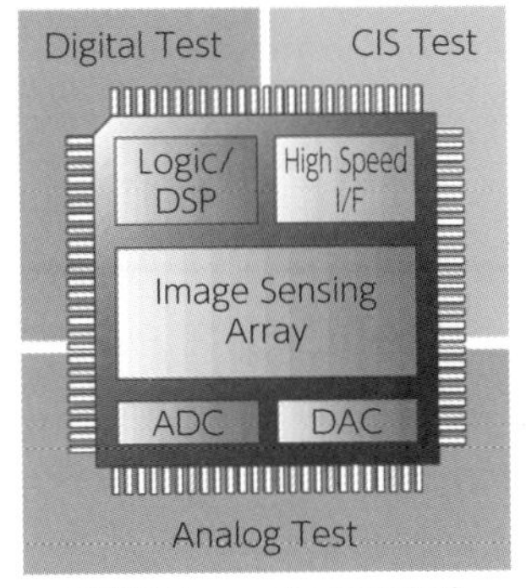

CMOS Image Sensor SoC

図4-6　イメージャLSIの例

4.1.6　試験の高速化

試験の高速化のために、複数のチップを同時に試験する手法として、同測テストが行われます。同測テストでは、試験のスループット向上のために複数のLSIチップの試験を同時に行います。元々、試験に時間のかかるメモリデバイスの試験時間短縮のために導入された手法でしたが、現在ではオンチップメモリや多数の機能ブロックを有するSoCなどでも利用されます。

一般に、テスタは非常に高価であり、試験のためのテスタ占有時間がテストコストに大きく影響を与えるため、同測テストによって、テストスループット向上によるTime-to-Marketの短縮のみならず、テストコスト削減にもつながります。

同時測定するデバイス数を増加させることで同測効率が高まりますが、同時測定数が増えることで、必要なチャネル数が増加するため、テスタのさらなる高コスト化、パフォーマンスボードやプローブカードなどの治具の高コスト化といった側面もあります。さらに、並列に試験をすることが可能なテスト項目を適切にテストプランに組み込むことで、同測効率を向上させせることが可能となります。

このように、効率的に試験コストの削減、試験スループットの向上を行うためには、テスタコスト、治具コスト、同測効率のそれぞれを考慮して最適なバランスで試験を実施することが重要です。

4.2 ファンクション試験

デジタルデバイスのファンクション試験とは、デバイスの機能（論理動作）の動作確認を行う試験です。デバイスに対して、スペックシートの真理値表、あるいはデバイス設計データから作成されたパターンデータを入力し、それに対するデバイスの出力すべき期待値と比較することで、デバイスの合否（PASS/FAIL）を判定します。

本節では、デジタルデバイスのファンクション試験をテストシステム（test system）上で実行することを前提として、必要な情報やデータの説明をします。

4.2.1 ファンクション試験とは

ファンクション試験とは、デバイス動作を論理的な振る舞いから検証する試験項目です。

デバイスに目的とする動作をさせるには、デバイスにスペックシートで決められたタイミングとDC特性の条件を満たす信号を真理値表で定めた論理条件で入力する必要があります。条件が満たされれば、デバイスは真理値表に従った論理で、DC特性やスイッチング特性を満たす信号を出力します。

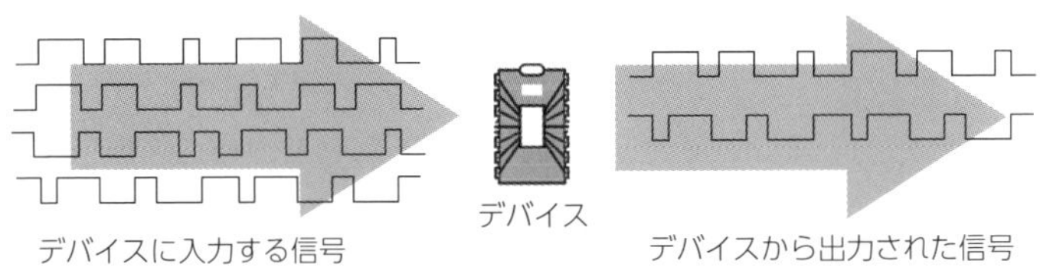

図4-7　入力信号と出力信号

ファンクション試験では、動作保証されているすべての動作項目を網羅するようにデバイスに信号を入力し、デバイス出力信号が、DC特性の条件（VOH/VOL）を満たしつつ真理値表の論理期待値と合致するかどうかを判定します。

4.2.2　ロジックデバイスのファンクション試験

ロジックデバイスのファンクション試験には、デバイスに入力する信号の合成と、デバイスの出力する信号を論理判定する条件設定が必要です。

これらの条件設定には、「4.1.4　テストプラン」でファンクション試験の実行に必要な3種類のデータを説明しましたが、ここではさらに詳しく各データの意味を説明するため、「入出力信号のパラメータ」を、論理データ、タイミングデータ、レベルデータ、負荷条件に分割し、計４種類のデータとして扱います。また入出力信号のタイミングデータを、デバイス入出力信号の波形フォーマットとタイミングの組み合わせのデータとして取り扱います。

４つのデータのそれぞれの意味を以下に示します。

(1) 論理データ（パターンデータ）

デバイス入力端子への入力データと、出力端子からの信号比較参照データの論理データの組み合わせです。ピン方向と時間軸方向の２次元構造を持ちます。

(2) 入出力信号のタイミングデータ→波形フォーマットとタイミング

デバイス動作基本周波数に同期した周期での、各入力波形の種類とタイミングおよび出力比較タイミングを表します。

(3) 入出力信号のDCパラメータ→レベルデータ

デバイスを動作状態にするための電源電圧と入力信号の電圧レベル、および出力信号の比較用の参照電圧レベルです。

(4) 入出力信号のDCパラメータ→負荷条件

デバイス出力を正しく測定するための負荷条件を設定します。

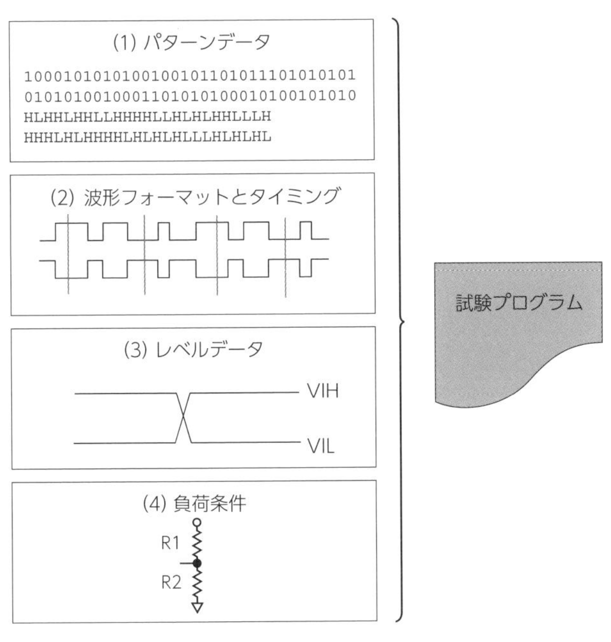

図4-8　ファンクション試験に必要な4種類のデータ

(1) パターンデータ

パターンデータ作成には下記の2種類の方法があります。

①スペックシートの真理値表をもとに作成する

②デバイス設計のシミュレーションデータから生成する

①は、標準ロジックなどの構造が単純なデバイスに用います。②はASIC系デバイスなどを中心に、ほとんどのSoCデバイス試験で用いられている方式です。いずれの場合でも、パターンデータはパターンプログラム (pattern program) と呼ばれるデータファイルとして格納されます。パターンプログラムは、横軸に入出力ピン番号の並び、縦軸に時間方向を持ったデータを持っています。図4-9

にパターンプログラムの例を示します。時間軸方向には、試験周期ごとに入出力の論理データとテストシステムからのパターン発生方法のインストラクション（パターン発生の繰り返し、ジャンプ、分岐などを指示する命令文）、そのほかのテストシステム制御命令文が順番に記述されています。

パターンファイル中のパターンデータは、デバイス入力信号用とデバイス出力比較の期待値用の２種類の形式で記述されます。例えば「1」、「0」の記述ならばデバイス入力用、「H」、「L」ならばデバイス出力比較用と分けて記述します。

以降、パターンデータの説明では、便宜上「0」、「1」を入力用、「H」、「L」を出力比較用として説明します。

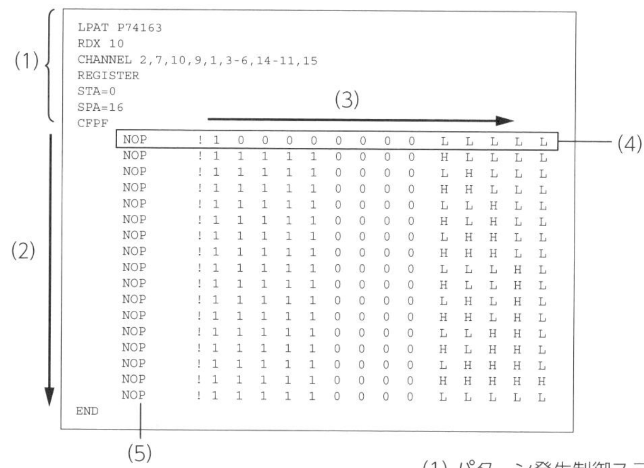

```
LPAT P74163
RDX 10
CHANNEL 2,7,10,9,1,3-6,14-11,15
REGISTER
STA=0
SPA=16
CFPF
     NOP      ! 1  0  0  0  0  0  0  0  0    L  L  L  L  L
     NOP      ! 1  1  1  1  1  0  0  0  0    H  L  L  L  L
     NOP      ! 1  1  1  1  1  0  0  0  0    L  H  L  L  L
     NOP      ! 1  1  1  1  1  0  0  0  0    H  H  L  L  L
     NOP      ! 1  1  1  1  1  0  0  0  0    L  L  H  L  L
     NOP      ! 1  1  1  1  1  0  0  0  0    H  L  H  L  L
     NOP      ! 1  1  1  1  1  0  0  0  0    L  H  H  L  L
     NOP      ! 1  1  1  1  1  0  0  0  0    H  H  H  L  L
     NOP      ! 1  1  1  1  1  0  0  0  0    L  L  L  H  L
     NOP      ! 1  1  1  1  1  0  0  0  0    H  L  L  H  L
     NOP      ! 1  1  1  1  1  0  0  0  0    L  H  L  H  L
     NOP      ! 1  1  1  1  1  0  0  0  0    H  H  L  H  L
     NOP      ! 1  1  1  1  1  0  0  0  0    L  L  H  H  L
     NOP      ! 1  1  1  1  1  0  0  0  0    H  L  H  H  L
     NOP      ! 1  1  1  1  1  0  0  0  0    L  H  H  H  L
     NOP      ! 1  1  1  1  1  0  0  0  0    H  H  H  H  H
     NOP      ! 1  1  1  1  1  0  0  0  0    L  L  L  L  L
END
```


(1) パターン発生制御ステートメント
(2) 時間軸方向
(3) デバイスピン方向に並べる
(4) 基本的に１行が試験周期１つに相当
(5) テストシステム制御命令文

図4-9　パターンプログラム

①　真理値表をもとにした作成例

4ビットシフトレジスタ74HC195デバイスを例に詳細を説明します（図4-10）。

真理値表（74HC195）

	OPERATING MODE	INPUTS						OUTPUTS				
		/MR	CP	/PE	J	/K	Dn	Q0	Q1	Q2	Q3	/Q3
(1)	Asynchronous Reset	L	X	X	X	X	X	L	L	L	L	H
(2)	Shift, Set First Stage	H	↑	H	H	H	X	H	Q0	Q1	Q2	/Q2
(3)	Shift, Reset First Stage	H	↑	H	L	L	X	L	Q0	Q1	Q2	/Q2
(4)	Shift, Toggle First Stage	H	↑	H	H	L	X	/Q0	Q0	Q1	Q2	/Q2
(5)	Shift, Retain First Stage	H	↑	H	L	H	X	Q0	Q0	Q1	Q2	/Q2
(6)	Parallel Load	H	↑	L	X	X	Dn	D0	D1	D2	D3	/D3

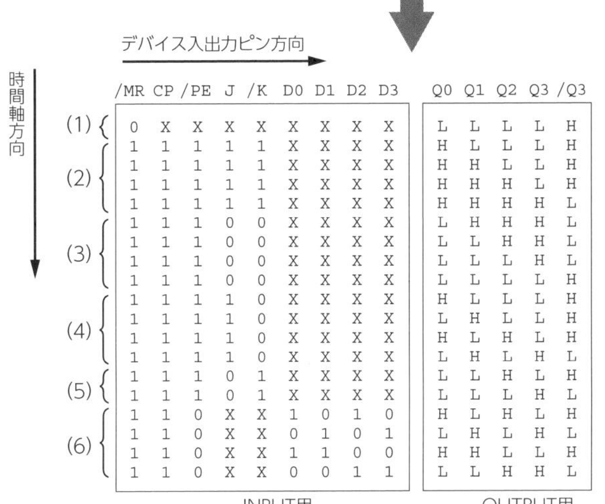

	/MR	CP	/PE	J	/K	D0	D1	D2	D3	Q0	Q1	Q2	Q3	/Q3
(1)	0	X	X	X	X	X	X	X	X	L	L	L	L	H
(2)	1	1	1	1	1	X	X	X	X	H	L	L	L	H
	1	1	1	1	1	X	X	X	X	H	H	L	L	H
	1	1	1	1	1	X	X	X	X	H	H	H	L	H
	1	1	1	1	1	X	X	X	X	H	H	H	H	L
(3)	1	1	1	0	0	X	X	X	X	L	H	H	H	L
	1	1	1	0	0	X	X	X	X	L	L	H	H	L
	1	1	1	0	0	X	X	X	X	L	L	L	H	L
	1	1	1	0	0	X	X	X	X	L	L	L	L	H
(4)	1	1	1	1	0	X	X	X	X	H	L	L	L	H
	1	1	1	1	0	X	X	X	X	L	H	L	L	H
	1	1	1	1	0	X	X	X	X	H	L	H	L	H
	1	1	1	1	0	X	X	X	X	L	H	L	H	L
(5)	1	1	1	0	1	X	X	X	X	L	L	H	L	H
	1	1	1	0	1	X	X	X	X	L	L	L	H	L
(6)	1	1	0	X	X	1	0	1	0	H	L	H	L	H
	1	1	0	X	X	0	1	0	1	L	H	L	H	L
	1	1	0	X	X	1	1	0	0	H	H	L	L	H
	1	1	0	X	X	0	0	1	1	L	L	H	H	L

図4-10　74HC195のパターン生成

[手順1] デバイスの初期化のために、パターンの最初にリセット動作をさせるパターンを記述します。

真理値表から、リセット動作には、リセット入力を0（Lowレベル）の状態を満足させる必要があります。そのため、パターンプログラム上で、リセットピン（/MRピン）に割り付けられたパターンフィールドに「0」を設定します。そのほかの入力ピンはドントケアなので「X」を記述します。リセット動作サイクルの出力はQ0～Q3が「L」、/Q3が「H」になるのでそれぞれ期待するデータを出力ピン部に記述します。こうしてリセット動作のパターンを作成します。

```
NOP!  0XXXXXXXXLLLLH
```

[手順2] リセット直後にシフト動作に入ります。

シフト動作のうち、Q0ピンをH状態にするモードを選択します。そのためには、CP、/PE、J、/K各ピンのパターンデータを「1」にします。初期値（リセット時データ）はQ0＝Hなので、下記のようなパターンができます。

```
NOP!  11111XXXXHLLLH
```

同じ入力データでシフト動作を繰り返します。

```
NOP!  11111XXXXHHLLH
NOP!  11111XXXXHHHLH
NOP!  11111XXXXHHHHL
```

このようなパターンデータを、真理値表記載のすべての動作モードについて作成します。

② シミュレーションデータからのパターンデータ生成

シミュレーション（simulation）は、CAD（Computer Aided Design）ツール上で実行された仮想的なデバイスの論理検証を指します。シミュレーションで扱うデータは、時系列に沿った論理波形データが基本で、パターンデータと多くの類似点があります。

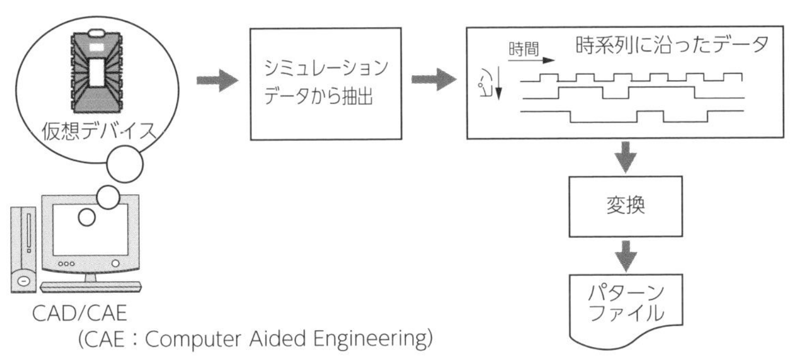

図4-11　シミュレーションデータからのパターン生成

シミュレーションデータからパターンデータに変換するソフトウェアは、多くの場合CADベンダーから提供されています。このソフトウェアを用いて、デバイスの設計段階からパターンデータを生成します。ただし、パターンデータ生成は、使用するテストシステムのアーキテクチャやハードウェア制限に大きく依存するため、次の「タイミングと波形フォーマット」項での作業と併せながら生成されます。

シミュレーションデータの中身をもう少し詳しく説明します。図4-12に例を示します。

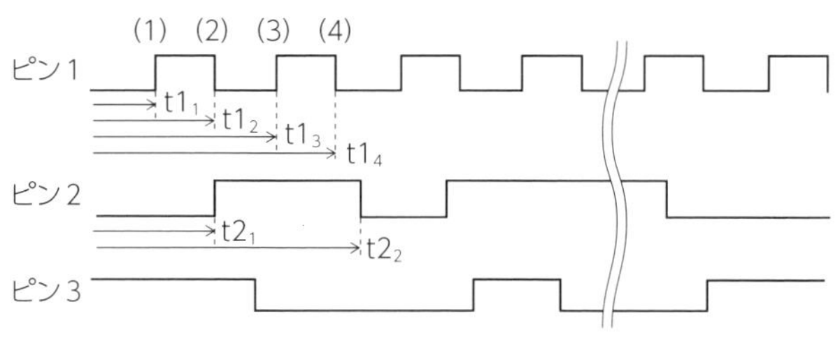

図4-12　シミュレーションデータ例

シミュレーションデータには、デバイス各ピンの、セット／リセットの情報とそのタイミングが収められています。入力信号のセット／リセットの情報は、入力信号波形フォーマットを形成するデータになります。出力信号のセット／リセット情報はデバイス出力の期待値と呼びます。

図4-12で、ピン1、2を入力信号のピン、ピン3を出力信号のピンとします。ピン1では、(1)～(4)のタイミングでセット、またはリセットしています。これらは表4-1に示すように、セット、またはリセットごとのタイミングとペアになっています。このようなペアがシミュレーションデータの最後のサイクルまで連続して記述されています。

タイミングとセット／リセット情報は、パターンデータ生成のために使われます。ただし、タイミングとセット／リセット情報をパターンデータに変換するには、適切な値を持ったサイクルで分割する必要があります。その理由は、テストシステムは決められた周期に従って信号を発生しデバイスに入力（または比較）するために、周期ごとの入力波形のパターンデータ、セット／リセット情報、タイミング情報が必要なためです（周期ごとのデータの決定方法は

「(2) 波形フォーマットとタイミング」で説明します)。

表4-1　ピン1のセット／リセット情報とタイミングのペア

番号	タイミング	セット／リセット情報
(1)	$t1_1$	set
(2)	$t1_2$	reset
(3)	$t1_3$	set
(4)	$t1_4$	reset
…	…	…

図4-12のシミュレーションデータを適当な周期 (サイクル) で分割します。すると各々周期での論理データが得られます。図4-13に例を示します。周期#1、#2でのピン1は ＿⊓＿ の形の正論理パルスが1個ずつあるので、正論理1→1と決定できます。またピン2は、あるタイミングで周期#1ではセット、周期#2ではリセットされているので、正論理で1→0と決定できます。またピン3も同様に決定しますが、このピンは出力ピンなので、パターンデータとして「L」、「H」を用います。

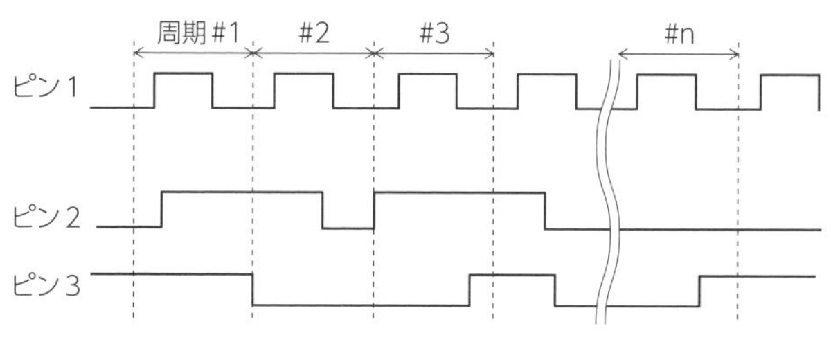

図4-13　シミュレーションデータを周期で分割

表4-2　図4-13のパターンデータ

周期	ピン1	ピン2	ピン3
#1	1	1	H
#2	1	0	L
#3	1	1	H

(2) 波形フォーマットとタイミング

図4-13からパターンデータに加えて、各々の周期内でのイベントに対する相対タイミングが得られます。図4-14に例を示します。図中の (1) ～ (8) はイベントを表します。

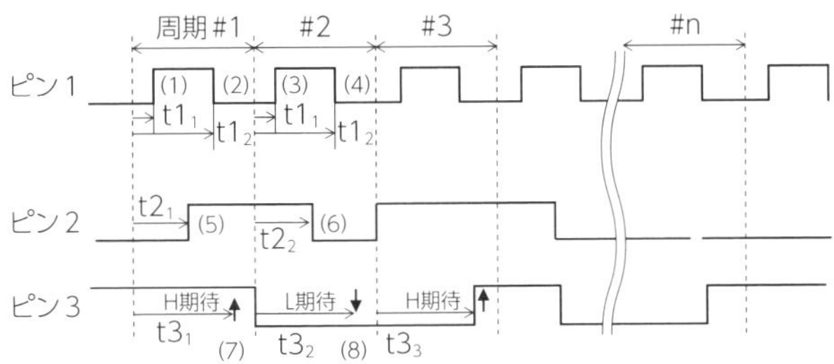

図4-14　シミュレーション結果の各周期相対タイミング

周期#1と周期#2では、ピン1のタイミングとセット／リセット情報は同一です。よって図4-12ではタイミング$t1_1$～$t1_4$の絶対値で表記していましたが、図4-14では同一の相対タイミング値$t1_1$～$t1_2$で表記しています。

次に、周期ごとに、相対タイミング値$t1_1$～$t1_2$でのイベントの振る舞いによって、パターンデータとデバイスに入力するパルス波形フォーマットを決定します。ピン1の場合、周期#1、#2で正論理パルスが1つ出力されているので、パターンデータが1の場合に、同一サイクル内でセット／リセットする _|‾|_ という波形フォーマットが適用されることにします。

表4-3にピン1の周期#1、#2でのセット／リセット情報とその他のデータを示します。

表4-3　ピン1のセット／リセット情報とタイミングのペア

周期	パターンデータ	波形	セット／リセット	相対タイミング	セット／リセット情報
#1	1	_|‾|_	(1)	$t1_1$	set
			(2)	$t1_2$	reset
#2	1	_|‾|_	(3)	$t1_1$	set
			(4)	$t1_2$	reset
…	…	…	…	…	…

また、ピン2では、周期#1でセットされて、次の周期の同じタイミングでリセットされるので、波形モードとして _|‾ のフォーマットが適用できます。この場合パターンデータは周期#1、#2で0→1と続きます。これを表4-4に示します。

表4-4　ピン2のセット／リセット情報とタイミングのペア

周期（フレーム）	パターンデータ	波形	セット／リセット	相対タイミング	セット／リセット情報
#1	1		(5)	$t2_1$	set
#2	0		(6)	$t2_2$	reset
・・・	・・・	・・・	・・・	・・・	・・・

またピン3は、出力ピンなので、期待値を抽出します。ここで、出力信号を比較する方法として下記に示す2通りがあります。

①出力が確定するタイミング点より後で、HまたはLを期待する

②出力が確定するタイミング点の前後で、H→LまたはL→Hの遷移（transition）を期待する

①、②それぞれを表にまとめると表4-5のようになります。

表4-5　ピンをH（L）期待する場合

周期（フレーム）	パターンデータ	セット／リセット	相対タイミング	期待値
#1	1	(7)	$t3_1$	H
#2	0	(8)	$t3_2$	L
・・・	・・・	・・・	・・・	・・・

(3) レベルデータ

スペックシートのDC特性表に従ってVI（入力レベル）、VO（出力比較レベル）、VCC（電源レベル）の電圧値（レベルデータ）を決定します。

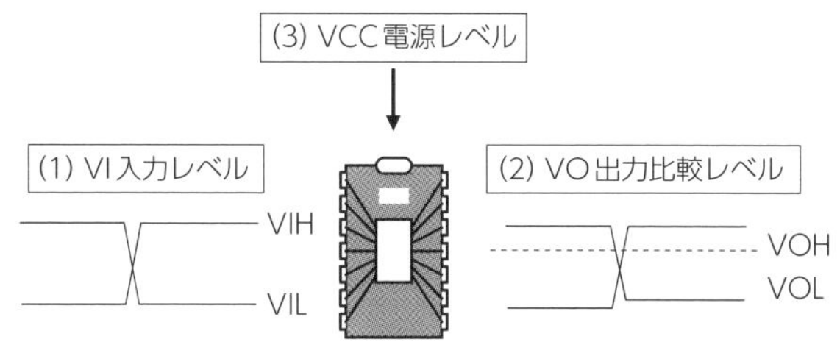

図4-15　レベルデータの種類

①　入力レベル (VIH、VIL)

入力信号の振幅を規定するレベルで、VIHとVILはそれぞれ入力信号の論理値が「1」(High) と「0」(Low) の状態での電圧値を示します。

②　出力比較レベル (VOH、VOL)

出力信号のレベルを比較する参照電圧です。VOHは、出力信号の論理値が「H」(High) のときの参照電圧、VOLは、出力信号が「L」(Low) のときの参照電圧です。

例えば、図4-16のように、出力信号がL→Hに遷移するタイミング前後に比較タイミングを置く例を考えます。(1) では、期待値が「L」の場合、出力信号のレベルがVOL設定値より小さいのでPASSと判定します。期待値が「H」ならばFAILとなります。(2) では、期待値が「H」の場合、出力信号のレベルがVOH設定値より大きいのでPASSと判定します。期待値が「L」ならばFAILとなります。

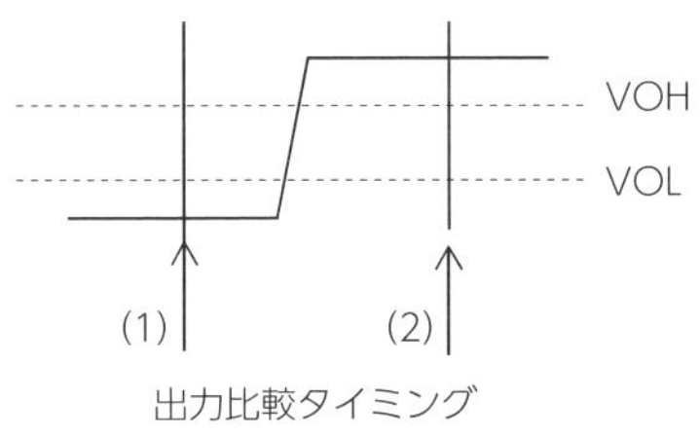

図4-16　比較レベルとタイミング

③　VCC

電源レベルです。スペックシート記載の値を設定します。

(4) 負荷条件

厳密な試験のためには、デバイス出力ピンに、スペックシートで規定する正しい負荷条件を与えることが必要です。これは、デバイスの性能が適切な負荷が付いた条件で規定されているので、テストシステム上でデバイス実装状態に設定して測定するためです。また、最近の小振幅動作の高速デバイスや電流駆動型のデバイスでは、適切な終端抵抗を付けないと適切にレベルが比較できません。

負荷には下記の種類があります

①電流負荷

②ターミネーション

①　電流負荷

一般のTTLやCMOS系デバイス試験では、テストシステムの比較回路上に用意されている負荷用の定電流源を用います。また、TTL系デバイスの場合には、試験用のデバイス装着基板（パフォーマンスボード）上に抵抗器と電源を与えて負荷を構築することもあります。

図4-17の抵抗負荷回路では、IOHとIOLが規定の値になるようにR_1、R_2、V_Rの値を決定します（通常R_1とR_2は、試験用のパフォーマンスボード上に実装します）。また、定電流源を持つテストシステムを使う場合は、平衡をとるための電圧値V_Tを設定し、IOHとIOLを設定します。

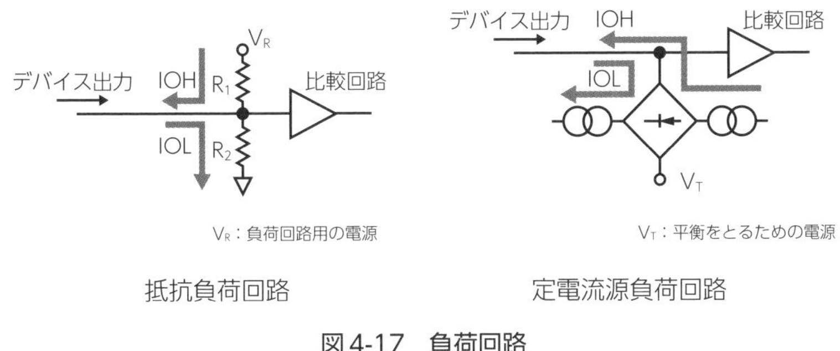

図4-17　負荷回路

②　ターミネーション

ターミネーションとは、デバイス出力の伝送路の末端を、伝送路のインピーダンスと等しい値の抵抗を並列接続し、それに適切な電圧（ターミネート電圧）を与えることです。ECLなどのオープンエミッタ形式では、デバイスの出力が電流値だけで規定されているので、ターミネーションによって電圧値に変換してテストシステムで比較します。

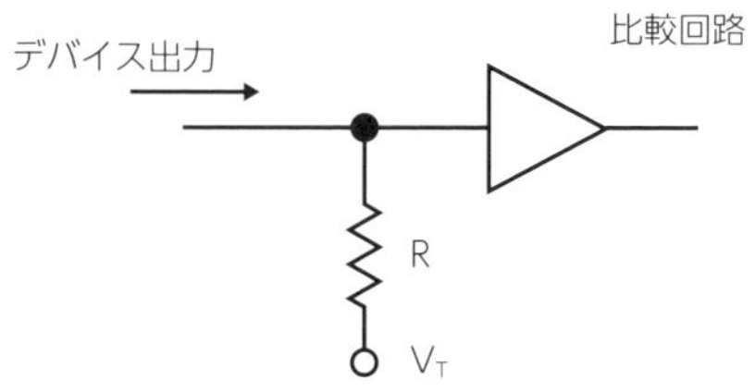

図4-18　負荷回路（ターミネーションの例）

V_Tは、スペックシート記載の測定条件によって決定します（ECLデバイスでは一般に－2.0V）。適切なターミネーションを行わない場合、デバイスの出力レベルは不定になります。また、ターミネーションを行うと、見かけ上のVOH、VOLレベルが変化するので、テストシステム比較電圧VOの設定値を変える必要があります。図4-19にV_T＝－2.0V、Z＝R＝50Ω、VOH＝－1.0V、VOL＝－1.8Vの場合の比較回路上でのデバイス出力波形のレベルを示します。

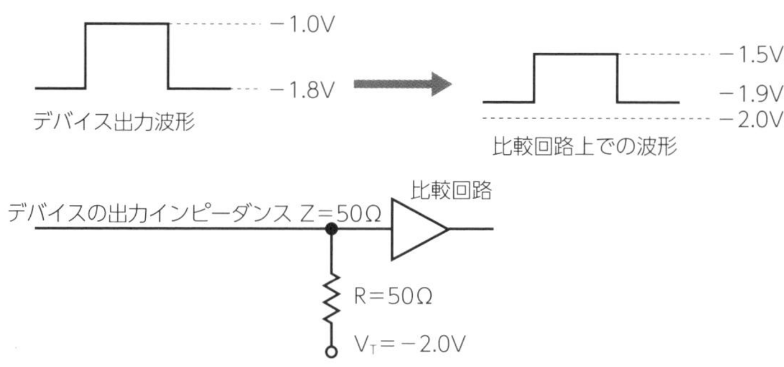

図4-19　ターミネーションによるVOH、VOLの変化

4.2.3 スキャン試験とJTAG

(1) スキャン試験

スキャン試験とは、被測定デバイス内の論理回路のすべてのフリップフロップを直列に接続し、シフトレジスタとして動作させることで、順序回路を等価的に組合せ回路と考えてテストを簡単化するテスト容易化手法 (Design For Testability：DFT) です。DFTとは、デバイス機能の複雑化に伴って不良箇所の検出も困難になりつつある状況下で、デバイス設計時に回路自体にテストを容易化する機能を組み込む設計手法です。以下にスキャン試験の例を示します。DUT内のそれぞれのフリップフロップが直列に接続されています。

[手順1]

図4-20に示すように、Scan Inからスキャンパステスト用のパターンをスキャンクロック (Scan Clock) に同期して入力します。スキャンパターンをScan Inから入力することで、すべてのF/Fにスキャンパターンのデータをシフトします。このとき、F/F3およびF/F4にシフトされるデータに特別な意味はありません。

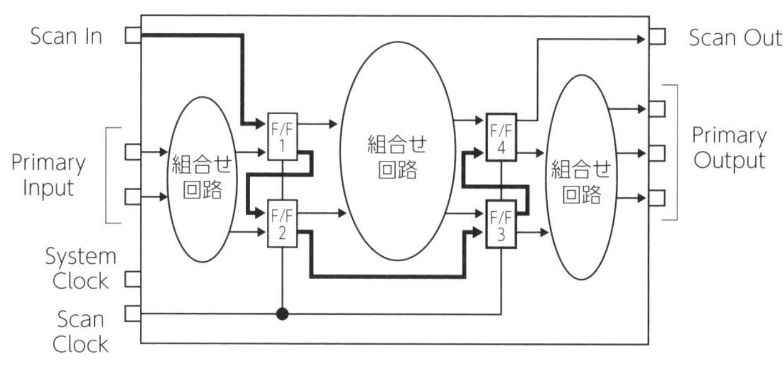

図4-20　スキャン試験のスキャンイン動作

[手順2]

すべてのF/Fにデータを詰めこみ終わったら、図4-21に示すように、システムクロック (System Clock) を入力し、組合せ回路の出力結果をF/F (F/F3とF/F4) に取り込みます。

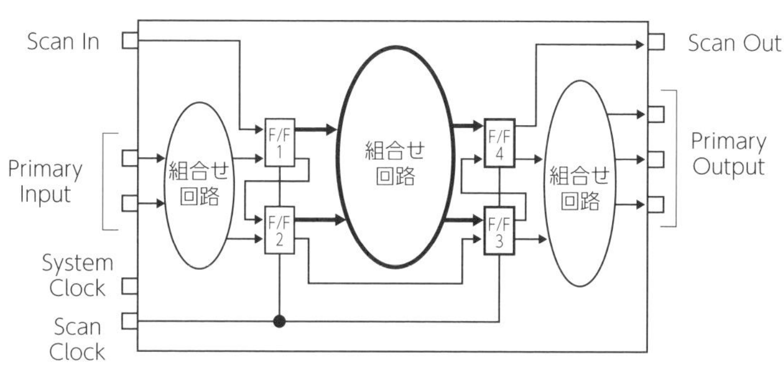

図4-21 スキャン試験の組合せ回路の動作

[手順3]

最後に、図4-22に示すように、スキャンクロックに同期して、F/Fに書き込まれたデータを出力(スキャンアウト)し、期待値と比較します。組合せ回路が正しく動作していれば、Scan Outデータは期待値と一致しPASSします。逆に不良があった場合、不良箇所の出力段F/Fに対応するデータでFAILします。

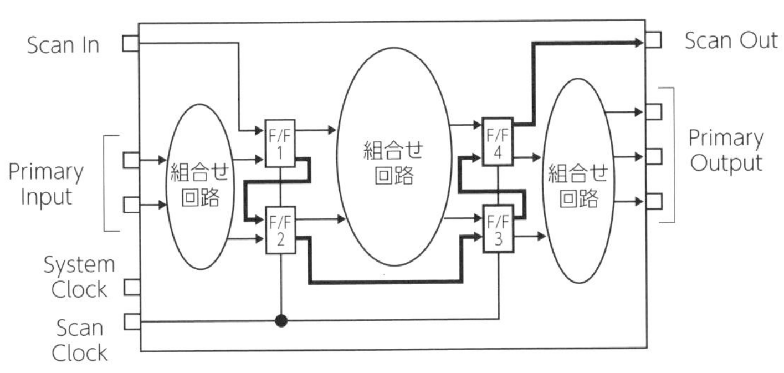

図4-22　スキャン試験のスキャンアウト動作

組合せ回路の自動テストパターン生成(Automatic Test Pattern Generation：ATPG)技術は古くから盛んに研究されてきており、現在ではATPG手法が十分に確立され、市販のEDA(EDA：Electric Design Automation)ツールを利用してテストパターン生成を行うことが一般的です。

それらのツールでは、論理合成によって得られたゲートレベルの順序回路を入力として与えると、ツール内で自動的に(1)フリップフロップのスキャンフリップフロップへの置き換え、(2)スキャンフリップフロップ間の接続が行われ、生成されたスキャンフリップフロップの入った回路に適したテストパターン（Scan In、Scan Outのビット列）が生成されます。

(2) JTAG（Joint Test Action Group）

JTAGとは、回路基板上のLSIのバウンダリスキャン試験（Boundary Scan Test）に利用される、IEEE1149.1の別称です。

先述のスキャン試験では、LSI内のすべて（場合によっては一部）のフリップフロップを直列に数珠つなぎにして、順序回路の試験を組合せ回路（あるいは小規模な順序回路）の試験へと問題を変換することで試験の容易化が実現されましたが、JTAGではバウンダリスキャンの概念を用いて、回路基板上のLSIチップを対象としてファンクション試験を行います。

近年の多ピン化かつ高密度化したLSIでは、その入出力のピン数が膨大になっているため、回路基板上でのプローブテストを行うことは現実的ではなく、多数のプローブポイントを設ける代わりに、チップ境界部（バウンダリ）にスキャン回路を挿入し、TAP（Test Access Port）と呼ばれる数本の端子を介してテストデータの入出力を行います。

JTAGによるバウンダリスキャン試験は回路基板上で行われ、基板上では試験対象の複数のLSIのTAPを数珠つなぎにすることで、複数のLSIを同時に試験することができます。近年では、マイコンなどの様々なデバイスにJTAGが導入されており、試験やデバッグの効率化に大きく貢献しています。

図4-23にJTAGを用いたバウンダリスキャンの概念図を示します。

LSIチップの各入出力ピンはバウンダリスキャンセルを介してコア回路に接続されます。バウンダリスキャンセルは各チップ内で数珠つなぎに接続され、コアへの入力信号はTDI (Test Data In) ピンからシリアルに入力され、コアからの出力信号はTDO (Test Data Out) ピンからシリアルに出力されます。バウンダリスキャンレジスタのシフトのための、クロック信号TCK (Test Clock)、各バウンダリスキャンセルの動作を制御するTMS (Test Mode Select) 信号、TRST (Test Reset) 信号のそれぞれの信号は、外部のコントローラから供給されます。

また、図4-23に示すように、複数のチップが存在する場合には、それらのチップを単純に数珠つなぎに接続することで、テスト可能です。各制御信号の生成に加え、TDIへ入力する信号列の生成、TDOから出力された信号の解析には、通常、専用のソフトウェアを使用します。

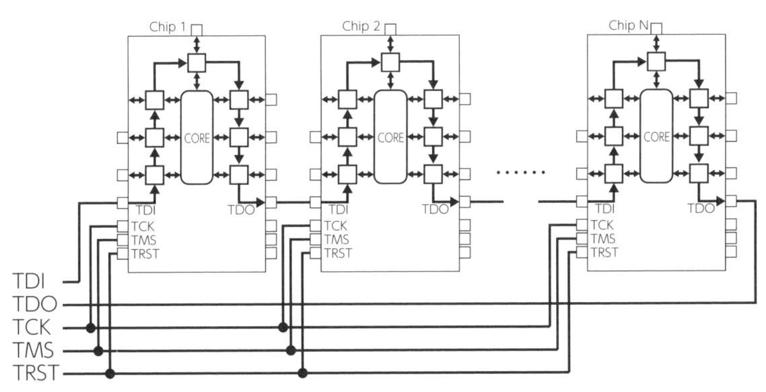

図4-23　JTAGバウンダリスキャンの概念図

4.3 DC試験

DC試験は、デバイスの直流特性（DC特性）を測定します。代表的な試験項目を下記に示します。

・接続試験

　オープン試験

　ショート試験

・入出力電流試験

　入出力電流試験（IIH/IIL）

　入力リーク試験（ILIH/ILIL）

　出力リーク試験（IOZH/IOZL）

・入出力電圧試験（VIH/VIL、VOH/VOL）

・電源電流試験（Idd）

　非動作時電源電流測定

　　‣スタティック電流（Static Idd）

　　‣スタンバイ電流（Standby Idd）

　　‣Iddq

　動作時電源電流測定（Dynamic Idd）

4.3.1 接続試験（コンタクト試験）

コンタクト試験は、デバイスソケットとデバイスパッケージのピン、またはプローブ針とウェーハ上チップの接触、および他のピンとの短絡の有無を試験します。この試験がPASSしないと他のすべての試験ができません。よってあらゆる種類の試験プログラムで最初に実行される試験項目です。コンタクト試験にはオープン試験とショート試験があります。

(1) オープン試験

オープン試験では、各信号ピンに一定の電流を入力し、各信号ピンの電位を測定します。このとき、測定した電圧値の大きさを判断することで、各ピンが内部回路と正しく接続されているかどうかを確認することができます。オープン試験はデバイスピンの保護ダイオードを利用して試験します。図4-24に示すように、保護ダイオードは絶対最大定格外の入力電圧からチップを保護するためにすべてのピンに接続されています。

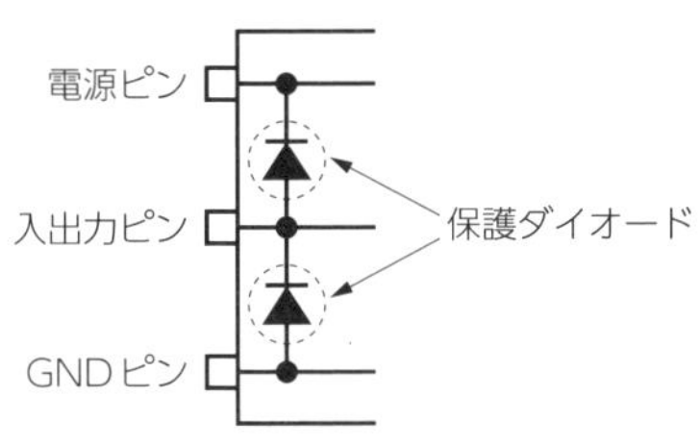

図4-24　保護ダイオード

テストシステム出力とデバイス入出力ピンが正しく接続されていれば、ダイオードのIV特性によって一定の電圧降下が生じます。正しく接続されていなければ電流は流れず、テストシステム側の測定ユニットの電圧測定計は、設定されたクランプ値まで到達します。したがって、測定ユニットがクランプ値を測定した場合、測定対象となっているピンがオープンであると判断します。

このとき、テストシステムの測定ユニットのクランプ値は、ダイオードIV特性による電圧降下分を超える値を設定する必要があります。テストシステム側の測定ユニットは、定電流を入力し電圧を測定する形式のものを用います。また、入力電流の向き（正負）によって、電源ピン側かGND側かどちらの保護ダイオードを使うかを選択します。

(2) ショート試験

デバイスの入出力ピンの間、あるいは入出力ピンとGNDや電源との短絡の有無を確認する試験です。

オープン試験と同様に、測定ピンに一定の電流を入力し、測定ピンの電位を測定します。ショート試験では、電源ピンおよび測定ピン以外の各信号ピンにはすべて0Vに設定します。ショート試験もまた、入出力の保護ダイオードを利用します。測定ピンがデバイス内部と正しく接続されている場合には、ダイオードのIV特性により入力電流の向きに合致した電圧降下が観測できます。しかし、測定ピンが電源ピン、GNDピン、他の信号ピンと短絡していた場合、それぞれのピンには0Vの電圧が入力されていますので、測定ピンにも0Vの電位（電圧）が観測されます。

(3) オープン試験とショート試験の同時実行

オープン試験もショート試験も原理はまったく同じであり、比較するリミット値が異なるのみです。GND側の保護ダイオードを使用する場合、オープン時には、電圧測定ユニットのクランプ値（−2V程度の値）が観測されるので、0Vよりもやや低い値に上限リミットを、クランプ値より高く−0.7Vよりも低い値を下限リミット設定すれば、オープン試験とショート試験の両方を同時に実行可能です。

4.3.2 入出力ピンの電流電圧試験

入出力ピンの電流電圧試験には、下記のような試験項目があります。

・入出力電流試験

入出力電流試験 (IIH/IIL)

入力リーク試験 (ILIH/ILIL)

出力リーク試験 (IOZH/IOZL)

・入出力電圧試験 (VIH/VIL、VOH/VOL)

いずれも、入力ピン/出力ピンの入出力電流/入出力電圧のDC特性がスペックシートで定められた範囲に収まっているか否かを判定する (GO/NOGO試験)、あるいはその電流値/電圧値を測定する (パラメトリック試験) 試験です。

(1) 入出力電流試験 (IIH/IIL)

主にTTLデバイスの入力ピンに流れる電流を測定します。テストシステムの定電圧源と電流計を用い、デバイススペックシート規定の測定条件に従ってVIHあるいはVILを入力します。VIH入力でIIH、VIL入力でIILを測定します。いずれの場合も規定の電源電圧を入力し、出力ピンはオープンにします。

(2) 入力リーク試験 (ILIH/ILIL)

MOSデバイスの入力ピンの漏れ電流試験です。MOSの場合は入力端子がFETのゲート電極に接続されています。FETの特性上、入力端子に電圧を入力してもほとんど電流は流れません。この流れる電流および他の部分に流れる漏れ電流を測るため、入力リーク試験と呼ばれています。

入力リーク試験では、入力ピンに規定された電圧 (VI) を入力し、入力ピンに流れるリーク電流 (ILIH/ILIL) を測定します。このとき、入力ピンのリーク電流を1ピンずつ測定し、測定ピン以外の入力ピンと出力ピンは、表4-6に示す状態にしておきます。

表4-6　入力リーク試験の電圧入力条件

測定するリーク電流	入力ピン		出力ピン
	測定ピン	測定ピン以外の入力ピン	
ILIH	電源と同電位	GNDと同電位	オープン
ILIL	GND と同電位	電源と同電位	オープン

(3) 出力リーク試験 (IOZH/IOZL)

出力リーク電流とは、スリーステート出力端子がハイインピーダンス (Hi-Z) 状態時のリーク電流のことです。CMOSデバイスのスリーステート出力がHi-Z状態とは、出力トランジスタがNMOS/PMOSともOFFの状態のことです。この状態ではトランジスタがONになっていないので、理想的には電流は流れません。その状態でVIHを入力してIOZHを、VILを入力してIOZLを試験します。入力リーク試験と同様に、出力ピンのリーク電流を1ピンずつ測定し、測定ピン以外の入力ピンと出力ピンは、表4-7に示す状態にしておきます。

表4-7　出力リーク試験の電圧入力条件

測定するリーク電流	入力ピン	出力ピン	
		測定ピン	測定ピン以外の入力ピン
IOZH	出力ピンをHi-Z状態に保つ設定	VIH	オープン
IOZL	出力ピンをHi-Z状態に保つ設定	VIL	オープン

(4) 入力電圧パラメトリック試験（VIH/VIL）

デバイス入力電圧の実力値を測定します。VIHまたはVILを変化させて、PASS→FAIL（またはFAIL→PASS）境界点でのVIH、VILを求めます。シーケンシャルサーチ法、またはバイナリサーチ法でVIH、VILを変化させます。このときの試験条件は、ファンクション試験実行と同条件にします。

(5) 出力電圧測定（VOH/VOL）

デバイス出力電圧の実力値をスペックシートの負荷条件に従って求めます。デバイス出力が「H」または「L」になるように入力条件を設定しデバイスを動作させます。測定対象ピンからH/Lがそれぞれ出力されたときに、それぞれのレベルに対してスペックシート中のDC特性表内で、負荷条件として規定された出力電流（IOH/IOL）を入力した状態で、測定対象ピンの電圧を測定します。

規定の出力電流を流した状態にするには、テストシステムから適切な値の電流を入力するか、あるいはデバイス出力端に適切な抵抗と電源をつけて負荷を与えます（テブナン終端など）。これは、デバイスのファンアウト能力のチェックにもなります。通常この試験はすべての出力ピンに対して行いH/Lの両方の値を別々に測定します。

4.3.3 電源電流測定

規定された条件下でのDUTの電源ピンに流れる電流を測定します。

(1) スタティック電源電流測定

デバイスを初期状態に固定し、そのときの電源ピンに流れる電流値です。デバイスに対してクロックなどの入力信号を入力せず、全入力端子をDCの一定値に保ち、また出力をオープン状態にします。

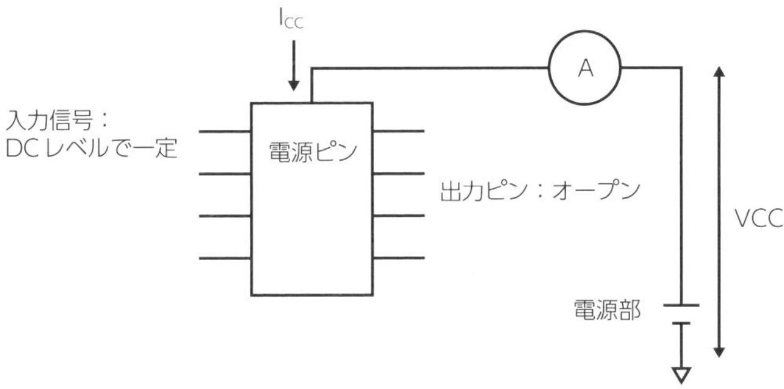

図4-25 スタティック電源電流測定

(2) Iddq (Idd of the Quiescent) 測定

一般にASIC系デバイスの内部の回路故障検出方法の一つとして用いられます。ASIC系デバイスの内部は数多くのゲートによって構成されており、内部のゲートでの故障（例えば、特定の短絡故障）を顕在化させるような入力の組み合わせ（一般にはパターンプログラムを実行し、特定の場所（アドレス）で停止させる）を入力して、対象ゲートで故障が発生していないかのチェックをします。測定原理はスタティック電源電流測定と同じです。ただしパターンプログラムは、スタティック電源電流測定用のパターンとは別に用意します。図4-26にIddq試験の例を示します。

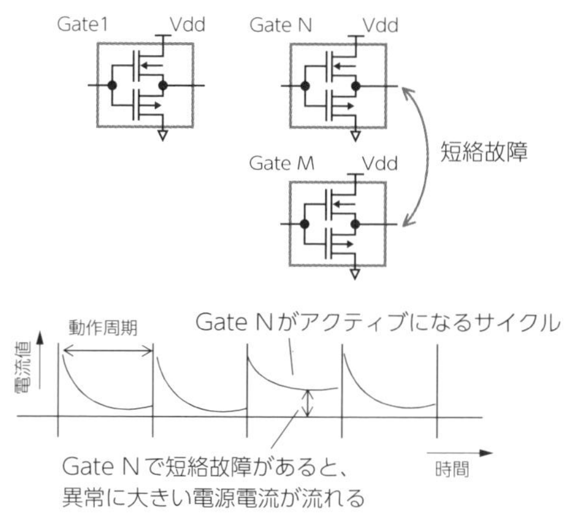

図4-26　Iddq試験

(3) 動作時電源電流測定

デバイスに対して周期的な信号を入力し、動作状態になっている期間の電源電流を測定します。デバイスに対してクロックを入力し続け、入出力に適切なデータを加えるとデバイスが動作状態になり、消費電流がスタティック電流測定値よりはるかに大きな値になります。これを電流計で測ります。

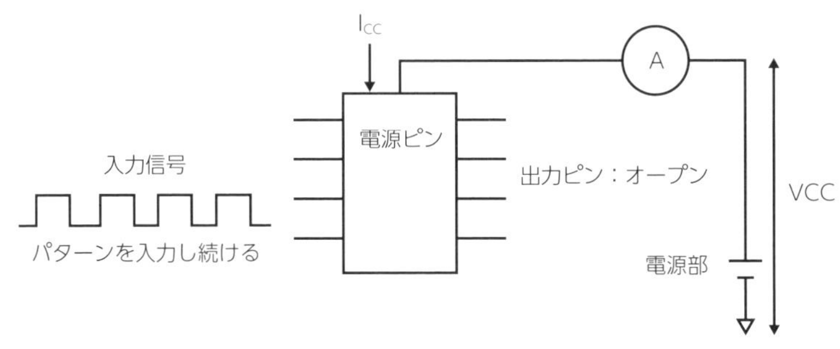

図4-27　動作時電源電流測定

動作時電流測定には数ms～数十ms程度の時間がかかるので、その間デバイス動作状態を保つために、パターンを繰り返します。

測定には、

(1) 1回サンプリング方式

(2) 数十～数千回サンプリングを行って平均値を算出する方式

(3) ハードウェア的な積分化回路を用いる方式

があります。それぞれの特徴を表4-8に示します。

表4-8　動作時電源電流測定方法の比較

	1回サンプリング方式	数十～数千回サンプリング－平均化方式	ハードウェア的な積分化回路方式
実行時間	早い	遅い	遅い
データの信頼度	低い	高い	高い
そのほか	・電流変動が小さいデバイス向き ・プログラミングは比較的単純	・電流変動が大きいデバイスでも対応可能 ・プログラミングはやや難しい	・電流変動が大きいデバイスでも対応可能 ・積分回路の取り付け要す

実行時間を考慮すると1回サンプリング方式が有効ですが、試験実行のたびに測定値にばらつきが出る場合があります。ばらつきを抑えるためには電源電流平均化が必要です。

一般に電流測定で、リップル電流が乗っているような場合には、平均化するために電源ライン上に積分化回路を取り付けます。しかし、変動周波数が低すぎる場合には時定数が大きいため、測定前の待ち時間が大きく、現実的な試験ができない場合があります。そこで、電流測定の多数個サンプリング結果から算術的な平均をとります。

4.4 ACパラメトリック試験

ACパラメトリック試験は、デジタルデバイスのスイッチング特性および自己発振を試験します。以下の種類があります。

・タイミングパラメータ試験

Tpd (入出力遅延時間)

Tsu/Th (セットアップ/ホールド)

Tr/Tf (立ち上がり/立ち下がり時間)

・自己発振試験

周波数測定

周期測定

4.4.1 タイミングパラメータ試験

デバイスのスイッチング特性評価を行う試験です。

① 測定原理

タイミングパラメータ試験は、テストシステムの出力波形や比較ポイントのタイミングを変化させ、その都度ファンクション試験を実行します。それらの実行結果（GO/NOGO結果）からPASSとFAILの変化点を求め、対象のタイミングパラメータを求めます。

② 測定方法

PASS/FAIL変化点を求めるにはバイナリサーチ法を使用します。

(1) Tpd（入出力遅延時間）

Tpd（Time of Propagation Delay）は、デジタルデバイスに用いられるパラメータで、信号入力後に、その結果が出力端子にあらわれるまでの時間を表します。

テストシステムの比較信号発生タイミングを変化させることで測定します。デバイスへの入力信号と出力ピンへの負荷は、ファンクション試験と同じ条件にします。

Tpd時間は出力ピンのステータスの遷移状態が、L→Hと変化するか（T_{PLH}）、H→Lと変化するか（T_{PHL}）で別々に規定されます。

図4-28にインバータロジックデバイスのTpd試験例を示します。必ずFAILする出力比較タイミング値（4）を入力の立ち上がりタイミング値（1）に設定します。また試験周期の終了部分（5）を必ずPASSする出力比較タイミングに設定します。タイミング（4）と（5）の間でバイナリサーチを実行し、PASS⟷FAIL変化点での出力比較タイミング値（3）を得ます。目的とするTpdは、（3）の値から（1）の入力信号エッジの値を減算することで得られます。

なおCMOSデバイスでのTpdは、通常入力の波形のフルスイングレベルの50%を開始点とし、出力波形のフルスイングレベルの50%を終点として規定されます。

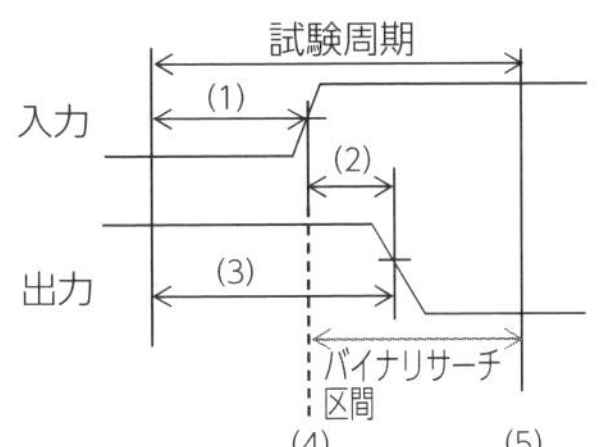

(1) 入力信号のエッジ
(2) Tpd値
(3) PASS ⟷ FAIL変化点での出力比較タイミング値
(4) 必ずFAILする出力比較タイミング値
(5) 必ずPASSする出力比較タイミング値

図4-28　インバータロジックの入出力時間測定

(2) Tsu/Th（セットアップ/ホールド）

セットアップ／ホールド時間を測定する場合、データ入力のタイミングを変化させるか、クロック入力のデータ確定のタイミングを変化させて、その際のデータ出力結果の変化をもとに、PASSとFAILの変化点を求めます。一般的には、測定対象ピンのデータ入力タイミングを変化させて測定を行います。

測定対象ピンが複数ある場合は、1ピンのみを対象とし、他のピンは一定レベルを保持するか、余裕のあるタイミングで入力します。

図4-29にフリップフロップデバイスのセットアップ／ホールド試験例を示します。

ファンクション試験で、必ずPASSする入力データの立ち上がり（下がり）タイミング、必ずFAILする入力データの立ち上がり（下がり）タイミング、の2点を決定します。この2点間でバイナリサーチを実行し、PASS ⟷ FAIL変化点を求めます。

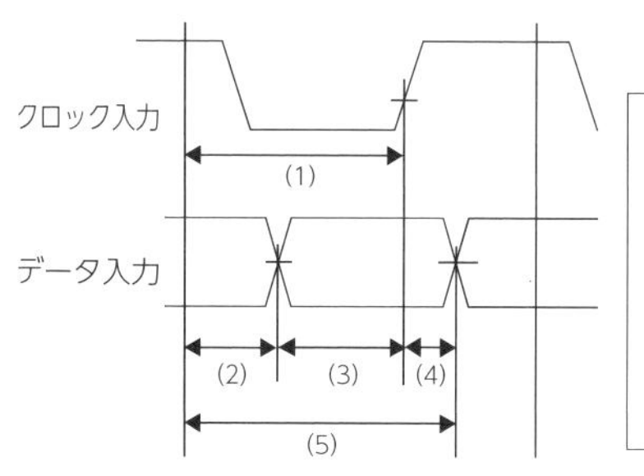

(1) クロック入力の立ち上がり時間
(2) セットアップ時間を求めるバイナリサーチで得たPASS ⟷ FAIL変化点
(3) セットアップ時間
(4) ホールド時間
(5) ホールド時間を求めるバイナリサーチで得たPASS ⟷ FAIL変化点

図4-29　セットアップ／ホールド時間測定方法

セットアップ、ホールド測定それぞれのバイナリサーチで得たPASSとFAILの変化点から以下の式でセットアップ、ホールドを求めます。図4-29から、

セットアップ時間 ＝ クロック入力の立ち上がり時間 － セットアップ時間を求めるバイナリサーチで得たPASSとFAILの変化点

＝ (1) － (2) ＝ (3)

ホールド時間 ＝ ホールド時間を求めるバイナリサーチで得たPASS ⟷ FAIL変化点 － クロック入力の立ち上がり時間

＝ (5) － (1) ＝ (4)

によりそれぞれの値を求めます。

また、セットアップ／ホールド時間を測定する場合、データ入力ピンの入力波形には、入力データの前後が反転した波形モードを用いる必要があります。

(3) Tr/Tf (立ち上がり/立ち下がり時間)

デバイス出力波形のTr/Tfは、Tpd試験と同様に出力比較タイミングをサーチさせて、デバイス出力の変化点を求めることにより測定します。

立ち上がり/立ち下がり時間の測定方法を図4-30に示します。

出力波形の振幅の90%点と10%点それぞれのレベルを比較電圧レベルとしてTpd測定時と同様のバイナリサーチを行います。得られたPASSとFAILの変化点のデータの差分がTrまたはTfです。(1) ～ (2) の区間でバイナリサーチを行うことでTrを、(2) ～ (3) の区間でバイナリサーチを行うことでTfを、それぞれ求めることができます。

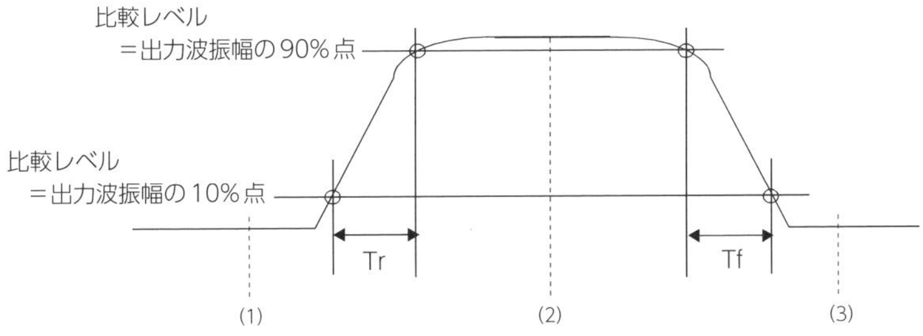

図4-30　立ち上がり/立ち下がり時間の測定方法

4.4.2 自己発振試験（周期や周波数測定）

PLLなどの自己発振するデバイスの周波数や周期を測定します。

図4-31にテストシステムに組み込まれている周波数測定ハードウェアを示します。デバイス出力は分周器によってN（Nは整数）倍の周期に分周されます。これは周波数測定用カウンタの開始・終了に使われます。周波数測定用カウンタは、カウンタの開始と終了との間に基準クロックが何発入力されたかをカウントします（図4-32）。

周波数は、

$$周波数 = \left(\frac{基準クロックの周期 \times カウント数}{\frac{分周比}{2}} \right)^{-1}$$

で求められます。分周比が大きいほど周波数分解能は小さくなります。デバイスを発振させた後に、周波数が安定するまで時間を置いて周波数試験を実行します。PLLデバイスの周波数試験では、ロックのために通常数ms程度の待ち時間が必要です。

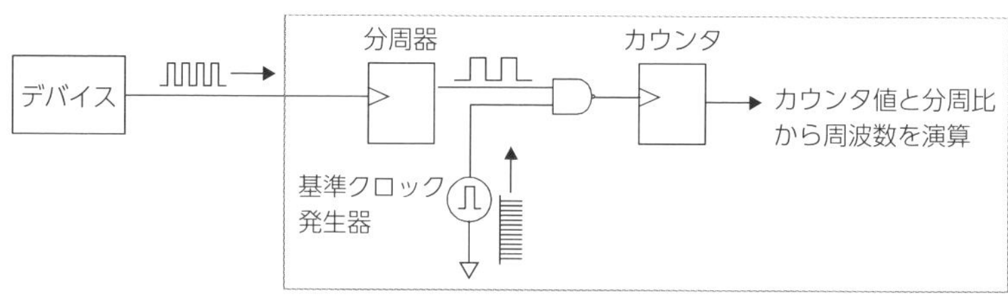

図4-31　周波数測定回路

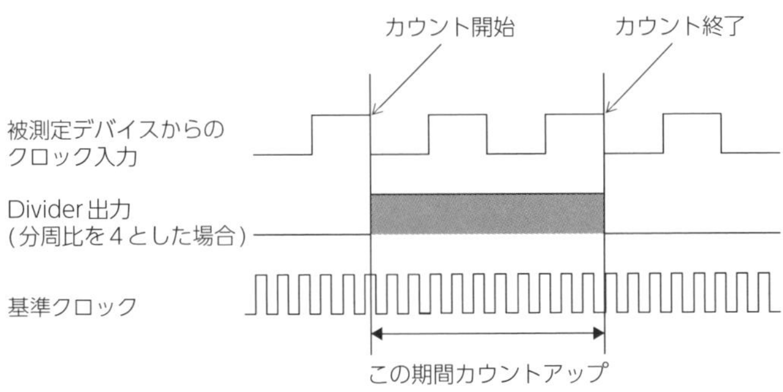

図4-32　周波数測定の原理

4.5 その他の試験項目

4.5.1　シュムープロット

2つまたはそれ以上の試験パラメータを変化させ、デバイス試験のPASSとFAILの境界点を2次元、あるいは3次元画面上に描画した図をシュムープロットと呼びます（図4-33）。

また、試験パラメータを変化させることをスキャン（scan、走査する意味）すると呼びます。

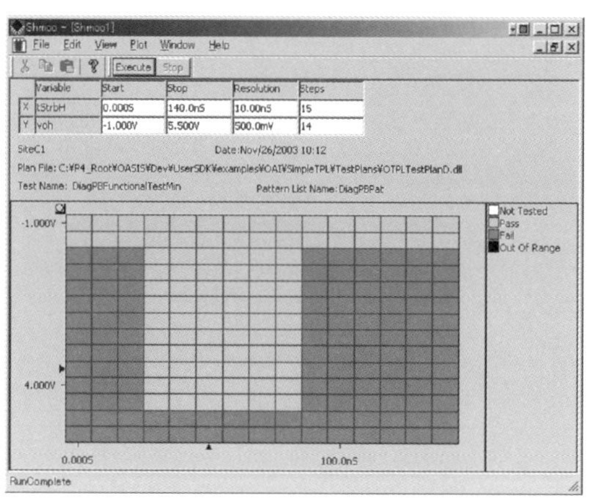

図4-33　シュムープロット例

(1) シュムープロットの目的

複数の試験条件パラメータのマージンを、視覚的にわかりやすく表示するためです。例えば一般的にデバイスの動作速度は電源電圧に応じて変化します。表4-9はあるCMOS標準ロジック デバイス(74HC195) のクロック→出力の T_{PLH}, T_{PHL} 値の表です。電源電圧(V_{CC}) によってTpd規定値が大きく変わります。よってデバイスのTpd評価のために、電源電圧とTpdのシュムープロットを取得すると効果的です。これにより電源電圧へのTpd時間の依存性を解析することに役立ちます。

表4-9　74HC195のAC特性

PARAMETER	SYMBOL	TEST CONDITIONS	V_{cc} (V)	25℃		−40℃ TO 85℃	−55℃ TO 125℃	UNITS
				TYP	MAX	MAX	MAX	
HC TYPES								
Propagation Delay, CP to Output	T_{PLH}, T_{PHL}	C_L = 50pF	2	—	175	220	265	ns
			4.5	—	35	44	53	ns
			6	—	30	37	45	ns

（出典：TI社『データブック』）

(2) 測定原理

x、yの２次元座標平面を考えx軸に１番目の試験条件パラメータ、y軸に２番目の試験条件パラメータを割り付けます。この座標平面上でx、yそれぞれの条件パラメータ下での試験結果を描画し、グラフを得ます。

シュムープロット取得には、試験条件パラメータはx、yそれぞれにおいて

・スキャン開始値
・スキャン終了値
・ステップ数（または分解能）

の３つの値をあらかじめ決めておくことが必要です。

(3) 測定方法

V_{CC}とT_{PLH}値の２次元シュムーを例に説明します。T_{PLH}値のスキャン範囲を0ns～160nsで10nsステップとし、これをx軸に置きます。V_{CC}値のスキャン範囲を2V～6Vで1Vステップとし、これをy軸に置きます。

最初に、V_{CC} = 2.0V、T_{PLH} = 0nsを期待するようにテストシステムを設定し、ファンクション試験を実行します。その結果を2次元グラフ上の最初の座標（(1) のところ）に描画します。次に、V_{CC} = 2.0V、T_{PLH} = 10nsを期待するように値を変えて再度試験し、結果を (2) のところに描画します。これを (16) までT_{PLH}期待値を変えながら試験します。(16) を描画後は、V_{CC} = 3.0V、T_{PLH} = 0nsに設定し、(17) の箇所に結果を描画します。

このような試験結果描画をx、y軸すべての座標で行うと、図4-34のような2次元シュムープロット結果が得られます。このプロットから、デバイスの電源とT_{PLH}との関係が視覚化された情報として扱えます。

なお、一般的なテストシステムには、シュムープロット取得のためのソフトウェアツールが標準で組み込まれています。このツールにより、各々のパラメータの開始・終了・ステップ数（または分解能）を入力することでシュムープロットが自動描画されます。

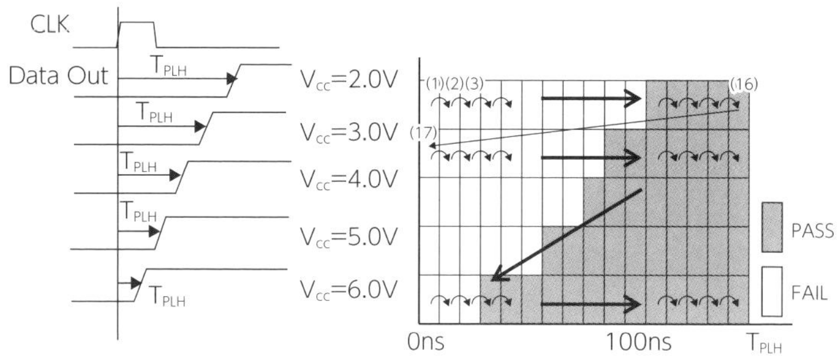

図4-34　V_{CC}-T_{PLH} シュムー例

4.6 メモリデバイスの試験項目

メモリデバイスでは、試験対象となるメモリデバイスが、RAMかROM不揮発性メモリのどれかによって、ファンクション試験パターンが異なります。マスクROMの場合、マスクROM内にすでに書き込まれているデータに誤りがないかどうかを試験します。具体的には、マスクROMから読み出したデータと期待値パターンとを照合し、合致しているかどうかを確認します。SRAMやDRAMに代表されるランダムアクセスメモリ、EEPROMやフラッシュメモリのような書き換え可能な不揮発性メモリの場合、次に掲げるような不良がないかどうかを試験します。

(1) メモリ不良の種類

メモリ不良の種類には、以下に掲げる①～⑦があります。

① セルスタック

セルスタック障害は、データの書き込みを行っても、データが「0」または「1」に固定されている障害のことです。

② セル間干渉

あるメモリセルにデータを書き込んだとき、同じ値またはその反転値が隣接するメモリセルまたは周囲のメモリセルに書き込まれてしまう現象、および注目セルからデータを読み出したとき、隣接するメモリセルまたは周囲のメモリセルのデータが変化する現象のことです。

③　センスアンプの動作不良

センスアンプに動作不良があると、あるビット線につながっているメモリセルの全部に障害が発生します。

④　データ入出力回路の動作不良

データ入出力回路に動作不良があると、すべてのメモリセルに対してデータの書き込みまたは読み出しが正常に行えない現象を引き起こします。

⑤　アドレスデコーダの動作不良

アドレスデコーダに動作不良があると、あるメモリセルが複数のアドレスを持つ、あるいは、あるアドレスが複数のメモリセルにつながる現象を引き起こします。そのほかに、特定のアドレスどうしの間を遷移する場合だけ誤動作を引き起こすアドレスデコーダの動作不良（アドレスデコーダ遷移不良という）もあります。

⑥　データ保持特性不良

メモリセルが、ある一定時間以上データを保持できなくなる特性不良のことです。EEPROMやフラッシュメモリのような書き換え可能な不揮発性メモリの場合、データロス不良ともいいます。

⑦　消去不良、書き込み不良

EEPROMやフラッシュメモリのような書き換え可能な不揮発性メモリに特有な不良です。一定時間内もしくは一定回数内にデータを消去できない、書き込みができない、といった特性不良のことです。

(2) メモリ不良の識別

メモリデバイスのファンクション試験の結果から、不良原因を見分けることは厳密には難しいのですが、一つの手段として、FAILビットマップ（Fail Bit Map）という特殊なマップを用いて判断する方法があります。図4-35にFAILビットマップの例を示します。FAILビットマップの表示の形態から、おおよその目安としての不良原因がわかります。マップ上のFAILセルの並びが不規則な場合はセルスタック障害、特定の行あるいは列のすべてがFAILする場合はアドレスデコーダ動作不良などが考えられます。

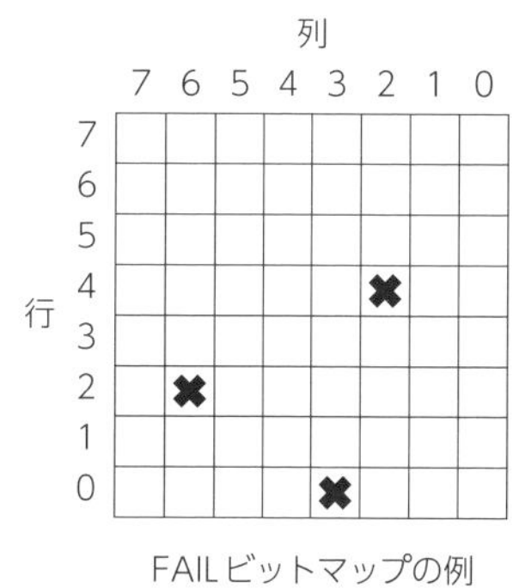

FAILビットマップの例
(セルスタック障害など)

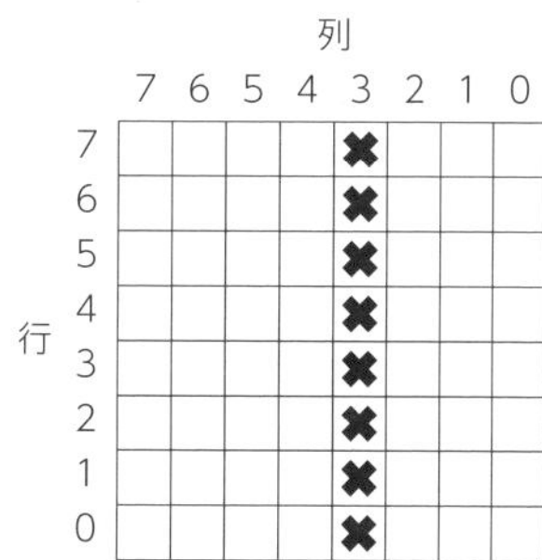

FAILビットマップの例
(アドレスデコーダ動作不良など)

図4-35　FAILビットマップ

(3) 試験パターンの種類

検出したいメモリ不良の種類が多様であるため、それらを検出するためにいろいろな試験パターンが考え出されています。試験パターンは、メモリデバイスのアドレス数(ワード数ともいう)をNとしたとき、N系、$N^{3/2}$系、N^2系の試験パターンに分類され、数多くの試験パターンが知られています。一般的にN系、$N^{3/2}$系、N^2系の順にメモリ不良検出能力が高くなります。しかし、メモリ不良検出能力が高い試験パターンになるほどパターン数が増大するため、その試験パターンの実行時間は増大します。

また、試験パターンの種類によって、検出可能なメモリ不良が異なるため、テスト対象のメモリの種類に応じて、適切な試験パターンを選択する必要があります。主な試験パターンを下記に示します。

① 0/1 ライトリードテストパターン (N系)

まず、アドレス#0のメモリセルにデータ「0」を書き込み (ライト)、同じメモリセルからデータ「0」を読み出し (リード) ます。次に、同じメモリセルにデータ「1」を書き込み、同じメモリセルからデータ「1」を読み出します。この操作をアドレス#0から最終アドレスのメモリセルまで繰り返します。セルスタック障害、データ入出力回路の動作不良を検出可能です。

② チェッカーボードテストパターン (N系)

メモリセルアレイ上にデータ「0」と「1」が市松模様となるようにデータを書き込み、読み出します。次に、データ「0」と「1」が入れ替わるように書き換え、読み出します。セルスタック障害、センスアンプの動作不良、データ入出力回路の動作不良、大抵のアドレスデコーダの動作不良の検出可能です。

③ マーチングテストパターン (N系)

まず、全メモリセルにデータ「0」を書き込みます (初期化)。次に、アドレス#0から最終アドレスまでアドレス値を1ずつ増加させながら、選択したメモリセルから「0」を読み出し (R0)、「1」に書き換える (W1) 操作を繰り返します。このあと、最終アドレスからアドレス#0までアドレス値を1ずつ減少させながら、選択したメモリセルから「1」を読み出し (R1)、「0」に書き換える (W0) 操作を繰り返します。さらに、上で述べた操作をデータを反転させて繰り返します。セルスタック障害、センスアンプの動作不良、データ入出力回路の動作不良、大抵のアドレスデコーダの動作不良の検出が可能です。

④ ウォーキングテストパターン（N^2系）

まず、全メモリセルに「0」を書き込みます（初期化）。次に、注目セル（最初はアドレス#0）に「1」を書き込み（W1）、その他のメモリセルから「0」を読み出します（R0）。このあと、注目セルから「1」を読み出し（R1）、「0」に書き戻します（W0）。注目セルを次のアドレスのメモリセルに変更し、上記と同様な操作を繰り返します。注目セルが最終アドレスまで移動した後、上で述べた操作をデータを反転させて繰り返します。セルスタック障害、セル間干渉、センスアンプの動作不良、データ入出力回路の動作不良、大抵のアドレスデコーダの動作不良の検出が可能です。

⑤ ギャロッピングテストパターン（N^2系）

メモリセルを選択するアドレスが、あたかも馬が走ったときの足の動きのように前後するため、「ギャロッピング」という名前がついています。マーチングテストパターンやウォーキングテストパターンでは、アドレスを昇順、あるいは降順でのみテストされますが、ギャロッピングテストパターンではすべてのアドレス遷移パターンに対してテストを行います。セルスタック障害、セル間干渉、センスアンプの動作不良、データ入出力回路の動作不良、アドレスデコーダの動作不良の、すべてのメモリ不良の検出が可能です。

4.7 RFデバイスの試験項目

RFデバイスはその用途、アプリケーションによって、スマートフォン向けなどの5GHzまでの周波数帯域から数十GHzまでいくつものデバイスが存在し、また、それぞれによって試験すべき項目も多岐にわたります。また、アナログデバイスのスペックが、主に電流、電圧で規定されるのに対して、RFデバイスのスペックの多くがパワー、周波数で規定されるため、RFデバイスの試験もより複雑になります。RFトランシーバは、高周波のRFフロントエンドと低周波のバックエンドから構成され、ヘテロダインアーキテクチャにおいては、中間周波数も存在します。

3.4節で説明されているように、RFトランシーバは低雑音アンプ(Low Noise Amplifier：LNA)、パワーアンプ(Power Amplifier：PA)、ミキサ(Mixer)、局所発振器(Local Oscillator)などで構成されています。

RFデバイスの評価項目として、ファンクションの面からのパフォーマンスパラメータでの評価項目とRF信号/ベースバンド信号のスペック評価の項目とに分けられます。

前者に関しては、ビットエラーレート(Bit Error Rate：BER)、シンボルエラーレート(Symbol Error Rate：SER)、パケットエラーレート(Packet Error Rate：PER)などが挙げられます。これらはベースバンドでの信号伝送時のエラーレートを評価の指標としています。トランスミッタの評価ではトランスミッタの出力した信号をベクトル・シグナル・アナライザ(Vector Signal Analyzer：

VSA）に入力することで評価を行い、レシーバの評価ではベクトル・シグナル・ジェネレータ（Vector Signal Generator：VSG）で発生したRF信号をレシーバに入力して変換されたベースバンド信号のエラーレートによって評価を行います。

これらの試験でエラーが発生する場合には、RF信号がスペックを満たしていないと考えられるため、トランスミッタ/レシーバのスペック試験による評価によってその原因を解析することができます。

トランスミッタの変調精度の評価のために、コンスタレーション測定が行われます。コンスタレーション測定はスペクトラムアナライザ、ベクトル・シグナル・アナライザ、リアルタイム・オシロスコープなどの装置に評価機能が組み込まれており、トランスミッタからの出力信号を解析してエラーベクトル振幅（Error Vector Magnitude：EVM）、コンスタレーション・プロットなどを得ることができます。EVMは、変調信号のIQ平面上での理想的な位置からのずれ（ベクトル）の大きさを理想ベクトルで除算したものをパーセントで表します。

また、トランスミッタの出力信号のコンスタレーション・プロットを解析することによって、視覚的にエラーの原因を特定することに役立ちます。プロットされた形状をもとに、IQミスマッチ、DCオフセットなどの問題を特定することができます。

次に、実際のRFデバイスのスペック試験の一例として、図4-36にRFデバイスの最大出力電力試験の例を示します。最大出力電力試験は、RFデバイスの特徴的なテスト項目です。RFデバイスでは周波数帯域や最大出力電力は、用途に合わせて電波法できびしく定められています。出力電力が大きすぎる場合は、他の通信に悪影響を及ぼし、逆に出力電力が小さすぎる場合は、所望の電波強度が得られません。最大出力電力試験とは、対象の周波数帯域におけるRF信号の最大出力電力が、規格に適合しているかどうかをテストする項目です。RFトランシーバのI、Q入力端子に、ベースバンド信号を入力すると、変調されたRF信号が出力されます。このRF信号に対して、高速フーリエ変換を行い、周波数ごとの電波強度データを得ます。このデータから、最大出力電力を求め、これが規定内であればPASS、規定外であればFAIL、と判定します。

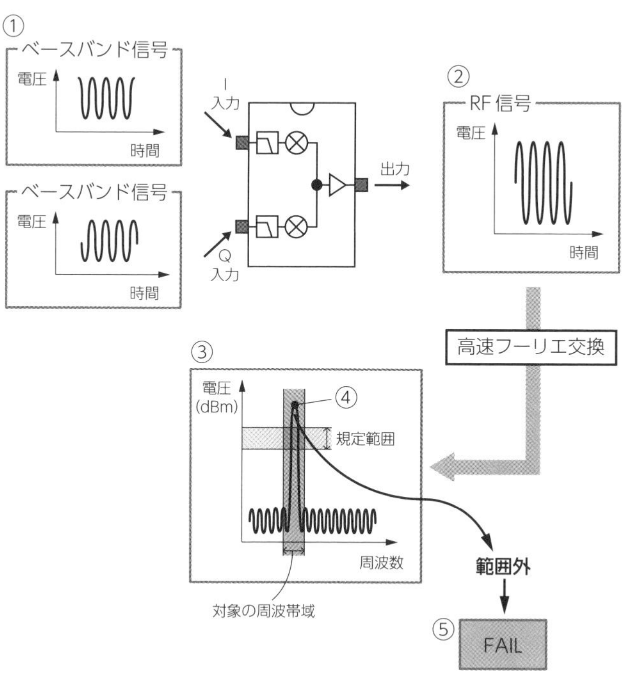

図4-36　RFデバイスの最大出力電力試験

RFデバイスのスペック試験には、このほかに、アンプ、ミキサ、発振器などの各モジュールにおける電力利得、雑音指数(Noise Figure)、ゲインコンプレッション、3次インターセプトポイント(Third order Intercept Point：IP3)、などがあります。また、トランスミッタ、レシーバのスペック試験の項目として、送信パワースペクトル解析、スプリアス測定、トランスミッタ中心周波数、レシーバ受信感度、レシーバ最大入力信号などがありますが、いずれもスペクトラムアナライザ、ベクトル・シグナル・アナライザ、ベクトル・シグナル・ジェネレータなどを利用して評価が行われます。

今後、RFデバイスがSoCデバイスの一部として搭載されるケースが多くなると考えられますが、その場合には、RF回路とデジタル回路、ミクストシグナル回路を組み合わせてテストを行うことが考えられます。テスタとDUTとの間のインタフェース(パフォーマンスボード、プローブカード等)の重要性も増していきます。

4.8 インタフェースデバイスの試験項目

近年のLSIでは、チップ間通信に高速シリアルI/Oが利用されることが多くなってきており、そのようなインタフェースデバイスの試験の重要性が増しています。しかしながら、アナログ回路の振る舞いを持つ回路では、デジタル回路の構造テストのような故障モデルに基づくテストを行うことができず、実際にLSIを動作させて、デバイスが所望の動作をしているかどうか、デバイスが仕様に適合していることかどうかの試験を行います。インタフェースデバイスの試験項目としては、実速度でのファンクション試験、AC試験、DC試験が挙げられます。

ファンクション試験では、実際の速度でトランスミッタ、レシーバを動作させながらビットエラーレートテスタ (BERT) によってビットエラーの評価を行います。その際に、十分に高速なテスタを利用できない場合には、完全な動作を保証されたゴールデンデバイスと接続して試験を行います。

また、インタフェース回路の試験では、ループバック試験も一般に用いられ、図4-37に示すように、トランスミッタの出力とレシーバの入力とをチップ内、あるいはチップ外で接続してトランスミッタとレシーバをお互いの試験のための信号発生器、ディジタイザとして利用することで、両者を同時に試験します。ビットエラーレートテスタにより、ビットエラーレートがスペック内であるかどうか試験します。その際に、必要に応じてジッタ注入を行います。

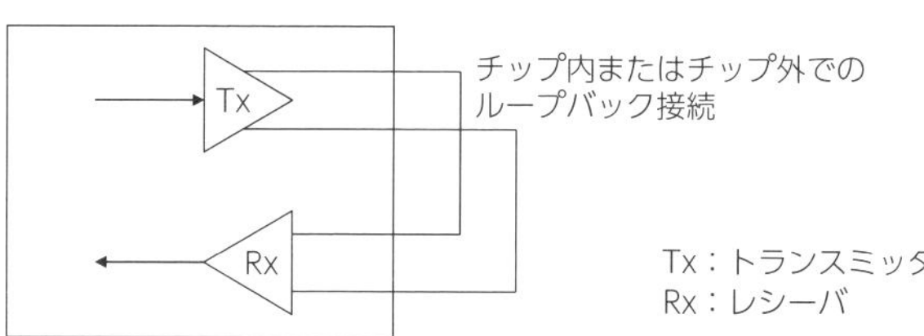

図4-37　ループバック試験の例

AC試験では、図4-38に示すようなアイダイアグラム (Eye Diagram) を用いたマージン試験を行います。アイダイアグラムでは、信号のタイミング方向のばらつき（ジッタ）が大きくなるとハイからロー、あるいはローからハイへの信号遷移の際の線が太くなり、また、信号の振幅方向のばらつきが大きくなると、上部と下部が大きくなります。

トランスミッタの試験では、アイダイアグラムをもとに、立ち上がり、立ち下がり時間、周期、信号振幅、ジッタなどのスペックも含め、アイ開口（Eye opening）が十分確保され、信号伝送エラーにつながるような斜線部を通過する信号がないことを確認することで試験を行います。また、現在では、各インタフェースの規格に従っているかどうかを判定する、コンプライアンス試験の機能を有する測定装置も存在し、そのような装置を利用することで、ほぼ自動的にトランスミッタの試験を行うことが可能となっています。

レシーバの試験では、感度試験、ジッタ耐性試験などが行われます。感度試験では、意図的に信号振幅を定格から下げていき、レシーバが受信可能な最低振幅を求めます。また、ジッタ耐性試験においても、意図的にジッタを注入することでジッタに対する耐性を求めます。

DC試験では、リーク試験、接続試験などを行います。4.3節で紹介したデジタルデバイスでのDC試験と同様の試験を行います。

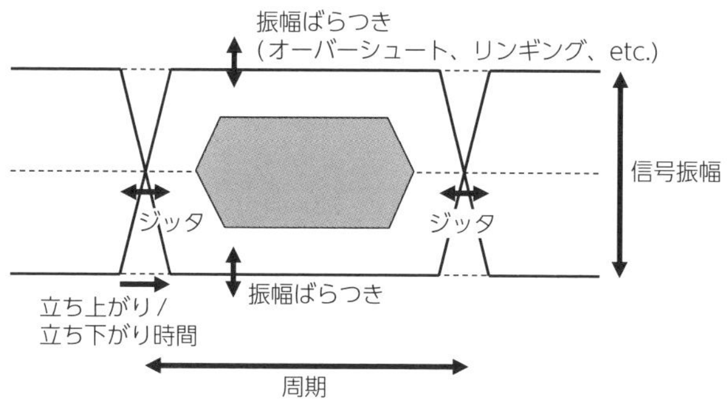

図4-38　アイダイアグラム (Eye Diagram) の例

4.9 イメージャの試験項目

イメージャは、デジタルカメラ/デジタルビデオカメラのみならず、スマートフォン、モバイル端末にも標準装備されることが多くなってきています。ハイエンドなイメージャにおいては、60Mピクセルを超える画素数が要求され、また、動画においては60fpsを超えるフレームレートでHD/4K/8K映像を扱うことが要求されるため、イメージャのテストも高速動作する大量の素子の試験を行う必要があります。

イメージャの試験項目としては、光電変換素子であるフォトダイオードの特性試験 (S/N比など)、ピクセルデータの読み出し回路の試験などが行われます。

イメージャの試験には、画素の試験のために光源装置が利用されます。そのような光源装置は、イメージャ試験に特化しており、非常に強度のダイナミックレンジが広い光をイメージャチップ表面に照射することができ、また、照射する光の色も可変となっています。イメージャの試験向けのテスタ装置についても、通常のSoCテスタの機能に加えて、多数個同時測定可能、画素データ高速読み出し（シリアルインタフェース）、画質欠陥検出アルゴリズムを備えたコントローラなどを備えており、試験時間の短縮を目指した装置となっています。

イメージャのテスト項目の例として、図4-39に画像処理テストを示します。画像処理テストは、イメージャの画素に光を入力した際に、白点、黒点などの点欠陥や線欠陥などの様々なノイズを検出する試験です。図では、白点欠陥テストを示しており、光源からイメージャへ均一に入力された光が撮像素子にて電気信号に変換され、デジタル信号として出力端子から出力されます。得られた画像データに対して、試験対象の欠陥を強調する演算処理を施し、その結果からFAILとなる画素が存在するかどうかを判定します。

今後、さらなる小型化のために、画像処理チップに積層されて2.5D/3Dデバイス化されることが予想されます。そのようなデバイスの試験には、前述の2.5D/3Dデバイスの試験と同様な技術も必要とされますので、より一層イメージャのテストの重要性が増加すると考えられます。

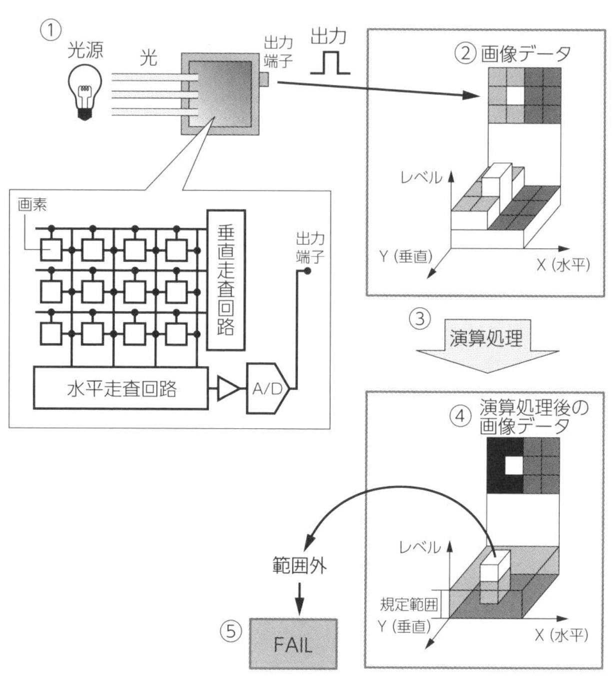

図4-39　イメージャデバイスの白点欠陥試験

4.10 A/D、D/A変換デバイスの試験項目

SoCデバイスでは、デジタル回路とアナログ回路が混載されており、デジタル部とアナログ部が結合されて動作をするためには、デジタル信号とアナログ信号とをお互いに変換するインタフェースが必要となります。アナログ信号をデジタル信号に変換するデバイスとしてA/D変換器、デジタル信号をアナログ信号に変換するデ

バイスとしてD/A変換器が利用されます。デジタル回路においては、ファンクションテストに加えて、体系化された構造テストが用いられますが、A/D変換器、D/A変換器などのミクスドシグナル回路、アナログ回路では、構造テストが利用できないため、デバイスの仕様に基づいたファンクションテストによってデバイスのテストが行われることが一般的です。

図4-40にA/D変換器、D/A変換器のテストを行う構成の例を示します。テスタなどの測定装置から入力信号をデバイスに与え、A/D変換器、D/A変換器からの出力をテスタに取り込み、仕様との比較を行います。A/D変換器の場合には、入力信号は任意波形発生器(Arbitrary Waveform Generator：AWG)などを用いて生成します。その際の入力信号は、DC信号、ランプ波形、サイン波などから適切なものを選択します。D/A変換器の場合には、入力信号はデジタル信号を与え、出力のアナログ信号をテスタに取り込みます。

いずれのテストにおいても、アナログ信号の生成のためには高精度のAWGが、アナログ信号の取り込みのためには高精度のディジタイザが必要であり、要求される精度は測定対象のA/D変換器、D/A変換器のビット分解能に応じて設定する必要があります。

図4-41にA/D変換器の静特性を試験するためのアナログ入力信号と出力コードの例を示します。アナログ入力信号としては、DC信号、あるいは十分に遅いランプ波形、三角波などが用いられます。静特性の試験では、試験項目として、線形性(Linearity)、ゲインエラー、オフセットエラー、単調性(Monotonicity)、ミスコード、積分非直線性誤差(INL)、微分非直線性誤差(DNL)があり、アナログ入力信号と出力コードの関係からPASS/FAILを判定

します。D/A変換器の静特性の試験においても、デジタルコードを入力として、出力される電圧のアナログ信号との関係から、A/D変換器と同様に各試験項目についてのPASS/FAILを判定します。

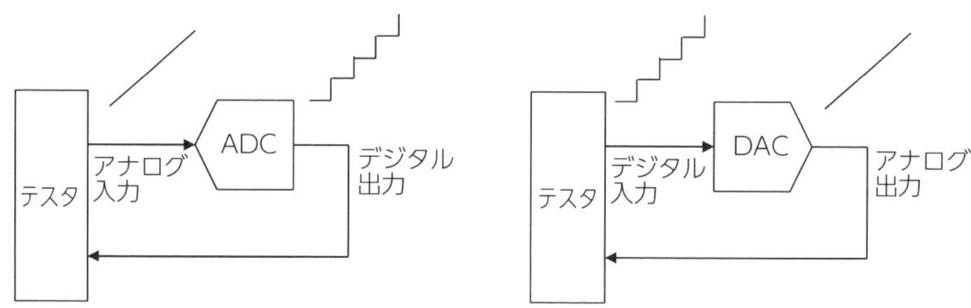

図4-40　A/D変換器、D/A変換器のテストを行う構成の例

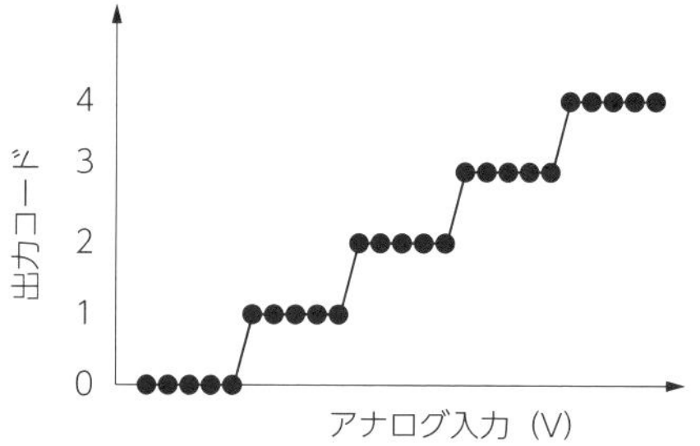

図4-41　A/D変換器の静特性試験におけるアナログ入力信号と出力コードの例

A/D変換器、D/A変換器の動特性試験では、主に下記の項目についての試験を行います。

・信号対雑音比 (Signal-to-Noise Ratio：SNR)

・全高調波歪み率 (Total Harmonic Distortion：THD)

・Spurious-Free Dynamic Range (SFDR)

・有効ビット数 (Effective Number of Bits：ENOB)

いずれも、A/D変換器、D/A変換器においては、その量子化の過程における量子化ノイズに加えて、回路内部のデバイスミスマッチ、回路自身によって発生するノイズ、回路外部からのノイズなどの影響によって理想的な動作から異なった動作となります。その性能評価の指標として目的に応じて上記の項目について試験を行います。

4.10.1 A/D変換器のSNR試験

図4-42にA/D変換器のSNR試験について示します。先述したように、量子化ノイズに加えて回路に起因するノイズを含めた信号対雑音比を求めるために、入力信号として正弦波を利用し、その信号レベル (基本波レベル) とノイズとして含まれる様々な周波数の雑音レベルとの比を求めます。図に示すように、出力信号は量子化された時間軸方向のデジタル信号列となっていますが、そのデジタル信号列に対して高速フーリエ変換 (Fast Fourier Transformation：FFT) を行うことによって、周波数領域の信号に変換します。FFTによって得られた周波数ドメインのデータから、基本波レベルのデータをそれ以外の雑音レベルの総和で割り算を行うことで、信号対雑音比を求めます。

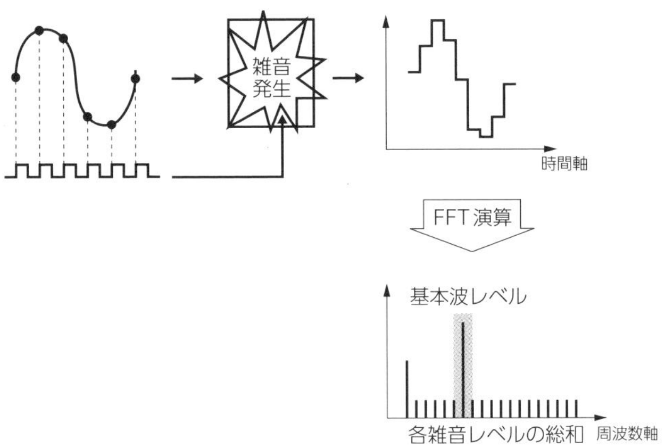

図4-42　A/D変換器のSNR試験

4.10.2　A/D変換器のTHD試験

図4-43にA/D変換器のTHD試験について示します。一般に入力信号波形には規定の周波数の基本波に加えて、2倍、3倍といった整数倍の高調波の波形が含まれています。基本波レベルが最も大きく、2倍、3倍…となるほどレベルが小さくなります。しかし、A/D変換の過程において、様々な雑音の影響によって各高調波のバランスが崩れ、歪みが生じます。THD試験では、高調波のレベルと基本波のレベルとの関係を、全高調波電力を基本波の電力で割り算をしたものを全高調波歪み率として求めます。

図4-43に示すように、正弦波を入力信号として用いて、出力の時間軸方向のデジタル信号列を求め、それにFFTを行うことで周波数ドメインのデータを得ます。その後、全高調波の総和と基本波レベルとの比を求めます。

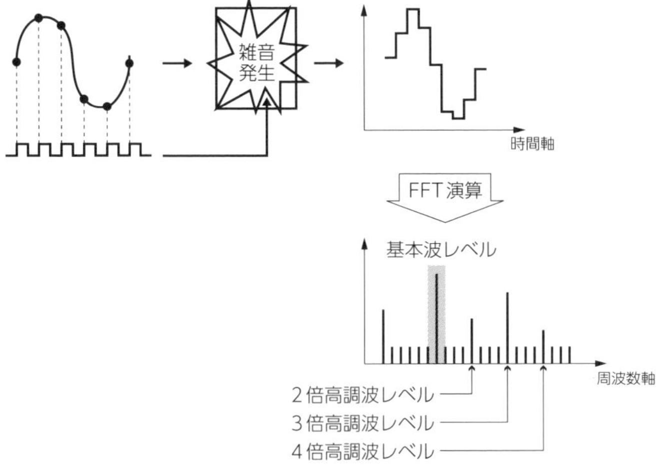

図4-43　A/D変換器のTHD試験

4.10.3　D/A変換器のSNR試験

図4-44にD/A変換器のSNR試験について示します。A/D変換器のSNR試験と同様に、D/A変換器に対して、正弦波を出力するようなデジタル入力信号を与えます。出力される時間軸上のアナログ信号に対してFFTを行うことで、周波数ドメインのデータを得ます。A/D変換器の試験と同様に、FFTによって得られた周波数ドメインのデータから、基本波レベルのデータをそれ以外の雑音レベルの総和で割り算を行うことで、信号対雑音比を求めます。

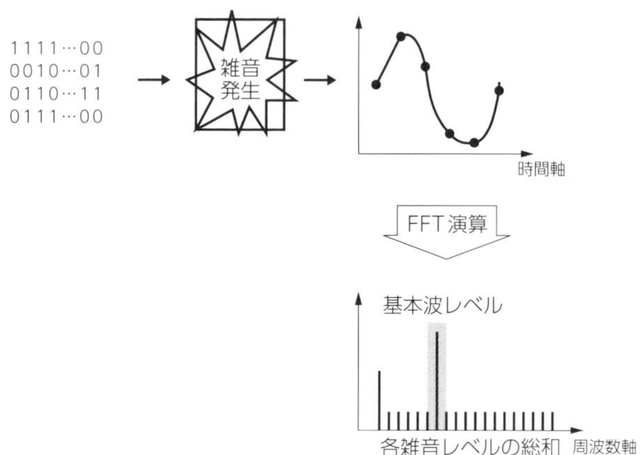

図4-44　D/A変換器のSNR試験

4.11 2.5D/3Dデバイスの試験項目

2.5D/3Dデバイスでは、複数のダイが縦方向に積層されることで、低消費電力化、高密度化、高機能化が期待されています。2.5D/3Dデバイスの試験については、システムインパッケージ(SiP)と同じように、複数のダイを接続することによる試験項目の追加に加え、ダイ自身を積層することに起因する困難があります。図4-45に通常の2次元デバイスと3次元デバイスとのテストフローの違いを示します。

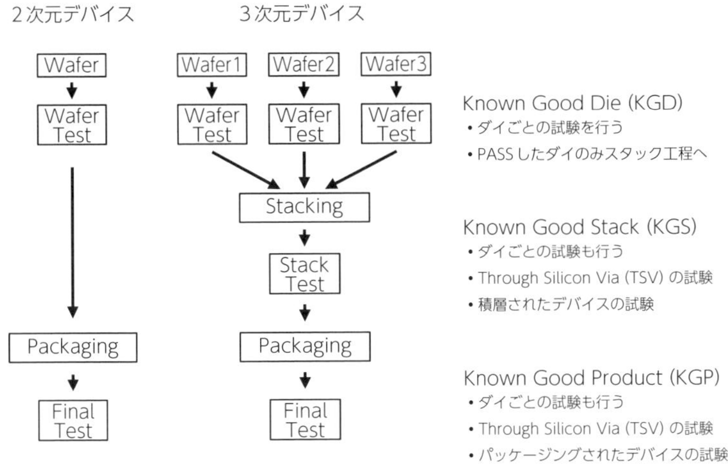

図4-45　2次元デバイスと3次元デバイスとのテストフロー

2次元デバイスでは、まずウェーハテストを行い、その段階で良品と判定されたダイ (Known Good Die：KGD) をパッケージングし、その後最終テストが行われます。それに対して3次元デバイスでは、それぞれのダイごとにウェーハテストを行って得られたKGDを積層します。積層後に、積層されたダイの試験 (スタック試験) を行ってKGS (Known Good Stack) を選別します。最後にKGSをパッケージングしたのちに、最終テストを行います。

3次元デバイスの試験には、いくつかの困難がありますが、一つには、積層されたチップ間の接続に利用されているThrough Silicon Via (TSV) のテストを行う必要があります。ダイ間のデータ転送を高いスループットで実現するために、一般にTSVの数は非常に大きく、全TSVの接続テストを行う必要があります。また、積層するダイは研磨により非常に薄くなっており、ウェーハテストの際のプローブに大きな圧力を加えられず、また、非常に多くのピン数を持つ狭ピッチのプローブカードが必要となるため、ダイのハンドリング、プロービングにも困難さが伴います。それぞれの段階で、必要かつ十分なテストを行うことが重要です。

4.12 大規模SoCの試験

大規模SoCの設計では、IP ベース設計が通常用いられます。IPコアはマイクロプロセッサ、メモリ、アナログ回路、高速インタフェース回路、RF回路などの様々な種類の回路で構成されています。したがって、各コアの種類ごとに異なる試験が実施されます。

それぞれのコアの試験には、前節以前で説明をした試験方法が用いられます。それぞれのコアの試験を行い、すべてのコアの試験がPASSをしたあとで、SoC全体の試験を行います。このように、大規模SoCの試験では、各機能ブロックの試験を行う第一段階と、SoC全体の動作の試験を行う第二段階の2つの工程で試験を行います。

通常、各IPコアの設計ではテスト容易化設計が行われており、スキャン試験（フルスキャンあるいは部分スキャン）、組み込み自己テスト（Built-in Self-Test：BIST）、JTAGなどの試験が可能となっています。特に、大規模SoCにおいては、多数のメモリが搭載されており、メモリのBIST技術の重要度が高くなっています。

メモリBISTでは、アドレス/データ、リード/ライト制御などの入力信号を自動的に生成してメモリに入力し、メモリの出力に不良が存在するかどうかを判定する回路をあらかじめ設計しておきます。メモリではその試験に規則的な入力信号/出力信号を利用するため、他のデバイスと比較して有効にBISTを行うことができます。

また、メモリBISTを、試験だけでなく、冗長なメモリブロックを利用して、不良メモリブロックの救済にも利用することが多くなってきています。FAILしたメモリブロックを冗長な領域で置き換えることで、SoCの歩留まりを向上させることを目的としています。具体的には、電気的ヒューズを電気信号で切断する方法、レーザーでヒューズを切断するレーザーリペア、不揮発性のメモリデバイスを用いて論理的に接続を変更する方法などで故障のあるメモリブロックの代わりに冗長なメモリブロックを利用するようにリペアを行います。

その他のIPコアにもBISTは適用されており、デジタル回路や一部のアナログ回路、高速インタフェース回路などで利用されています。デジタル回路では疑似ランダムパターンを用いたロジックBIST、高速インタフェース回路ではループバック試験などでBISTが行われます。また、近年では、デジタル・アシスト・アナログ技術によるアナログ回路/RF回路がSoCに利用されることが多くなってきています。そのような回路では、自動的に自己校正が行われることによって、本来不良と判定されるようなデバイスが救済されることで、歩留まりの向上が図られています。なお、メモリBISTに関しては「はかる×わかる半導体　応用編」3.2.2節「メモリのテスト」に、またロジックBISTに関しては同書1.4.3節「テスト容易化設計」に詳しい説明がありますので、そちらも参照ください。

図 4-46 に大規模 SoC でのテスト容易化設計の適用例を示します。上述したようなコア単体試験と全体試験の 2 段階の試験に加えて、各種テスト容易化設計を施すことで、テストコストの削減を図ることが重要であるといえます。

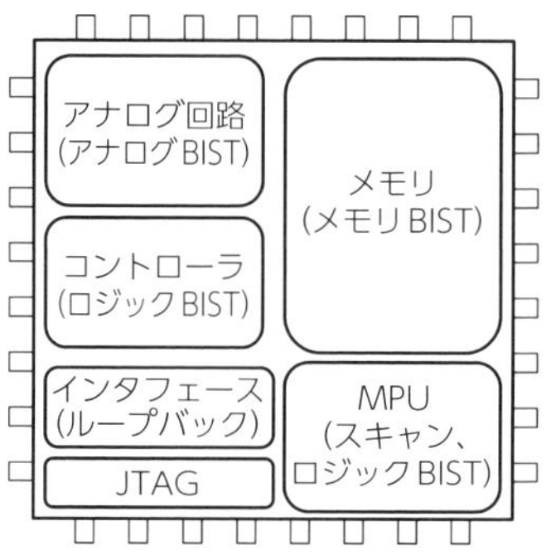

図 4-46　大規模 SoC でのテスト容易化設計の適用例

付録

Appendix

参考文献
執筆者一覧
索引

参考文献 Bibliography

■ 安食恒雄監修、『半導体デバイスの信頼性技術』、日科技連出版社、1988年

■ 岩田穆著、『VLSI工学－基礎・設計編－』、コロナ社、2006年

■ 榎本忠儀著、『CMOS集積回路』、培風館、1996年

■ 後藤公太郎、石田秀樹、松原聡、超高速CMOSインタフェース技術、FUJITSU.55,6、548-552、2004年

■ STARC教育推進室監修、浅田邦博・松澤昭共編、松澤昭著、『アナログRF CMOS集積回路設計［基礎編］』、培風館、2010年

■ STARC教育推進室監修、浅田邦博・松澤昭共編、松澤昭著、『アナログRF CMOS集積回路設計［応用編］』、培風館、2010年

■ 角南英夫著、『VLSI工学－製造プロセス編－』、コロナ社、2006年

■ 傳田精一著、『半導体の3次元実装技術』、CQ出版社、2011年

■ 牧野博之・益子洋治・山本秀和著、『半導体LSI技術』、共立出版、2012年

■『信頼性ハンドブック』、ルネサスエレクトロニクス、2012年

■ Salem Abdennadher and Saghir A. Shaikh, "Practices in Mixed-Signal and RF IC Testing," IEEE Design & Test of Computers, Volume 24, Issue 4, 2007

■ 松澤昭著、『はじめてのアナログ電子回路 基本回路編』KS理工専門書、講談社、2015年

■ 松澤昭著、『はじめてのアナログ電子回路 実用回路編』KS理工専門書、講談社、2016年

ウェブ

■『e-learning 教材』、科学技術振興機構
https://jrecin.jst.go.jp/seek/html/e-learning/index.html

■『技術情報誌 Probo』
アドバンテスト、https://www.advantest.com/ja/probo/

■ 総務省 電波利用ホームページ
http://www.tele.soumu.go.jp/index.htm

■『知識ベース』、電子情報通信学会
http://www.ieice-hbkb.org/portal/

■『日経 xTECH NE 用語』
日経 BP、http://xtech.nikkei.com/dm/word/column/NE/

■『半導体 信頼性ハンドブック』(Ver2.2018 年 12 月)、東芝デバイス&ストレージ株式会社
https://toshiba.semicon-storage.com/jp/semiconductor/knowledge/reliability.html

■『フリー百科事典「ウィキペディア (Wikipedia)」』
http://ja.wikipedia.org/wiki/ウィキペディアメインページ

■ ITRS2011Edition (JEITA 訳)
http://semicon.jeita.or.jp/STRJ/ITRS/2011/Test.pdf

■序章 図1
https://www.jeita.or.jp/japanese/stat/wsts/docs/20191203WSTS.pdf

執筆者一覧 Authors

監修・執筆

浅田 邦博 ［あさだ・くにひろ］

東京大学名誉教授
1975年3月東京大学工学部電子工学卒業。80年3月同大学院博士課程修了（工博）。80年4月東京大学工学部任官。95年同工学系研究科教授。96年同大規模集積システム設計教育研究センター（VDEC）の設立に伴い同センターに異動、2000年4月同センター長、18年3月末に東京大学を退職。現在、武田計測先端知財団常任理事。この間、85～86年英国エディンバラ大学訪問研究員。90～92年電子情報通信学会英文誌エレクトロニクスエディタ。01～02年IEEE SSCS Japan Chapter Chair。05～08年IEEE Japan Council Chapter Operation Chair等々。専門は集積システム・デバイス工学。

執筆

井上 智生 ［いのうえ・ともお］

広島市立大学大学院情報科学研究科教授
1990年明治大学大学院博士前期課程修了。以降、92年3月まで松下電器産業株式会社半導体研究センター。93年4月より奈良先端科学技術大学院大学情報科学研究科助手。99年より広島市立大学情報科学部助教授、2004年より現職。博士（工学）。VLSIのテスト容易化設計・合成、高信頼性設計に関する研究に従事。

井上 美智子 ［いのうえ・みちこ］

奈良先端科学技術大学院大学先端科学技術研究科情報科学領域教授
1987年3月大阪大学基礎工学部卒、89年3月大阪大学大学院基礎工学研究科博士前期課程修了。89年4月から91年12月まで（株）富士通研究所勤務。95年3月大阪大学大学院基礎工学研究科博士後期課程修了、博士（工学）。95年4月奈良先端科学技術大学院大学助手、同助教授、同准教授を経て、2011年4月より現職。集積回路のディペンダビリティ、分散アルゴリズムの研究に従事。

岩崎 一彦 ［いわさき・かずひこ］

東京都立大名誉教授

1977年3月大阪大学基礎工学部情報工学科卒業。79年3月同大学院博士前期課程修了。同年4月日立製作所中央研究所勤務。工学博士。90年千葉大学工学部助教授。96年東京都立大学工学部教授。2005年首都大学東京システムデザイン学部教授。13年同学術情報基盤センター教授。VLSIテストの研究に従事。20年同定年退職。

遠藤 幸一 ［えんどう・こういち］

東芝デバイス&ストレージ株式会社勤務

1987年3月東京理科大学理学研究科物理学専攻修士課程修了、修士（理学）。2018年9月大阪大学大学院情報科学研究科博士後期課程単位取得退学。19年3月博士（情報科学）。1987年株式会社東芝へ入社。電源用IC、モータードライブICなどの製品開発、半導体故障解析業務および解析技術開発などに従事。一般社団法人電子情報技術産業部会（JEITA）半導体信頼性技術委員会委員、日本信頼性学会理事（2017年～）など。

温 暁青 ［おん・ぎょうせい］

九州工業大学情報工学研究院情報・通信工学研究系教授

1986年7月清華大学計算機科学技術学科卒業。90年3月広島大学大学院工学研究科博士前期課程修了。93年3月大阪大学大学院工学研究科博士後期課程修了、博士（工学）。秋田大学鉱山学部講師、University of Wisconsin－Madison客員研究員、SynTest Technologies, Inc.勤務を経て、2004年1月より九州工業大学助教授。07年4月より同教授。VLSIのテストと高信頼化の研究に従事。

梶原 誠司 ［かじはら・せいじ］

九州工業大学理事・副学長、教授

1987年3月広島大学総合科学部卒、92年3月大阪大学大学院工学研究科博士後期課程了、博士（工学）。92年10月大阪大学工学部助手、96年1月九州工業大学情報工学部助教授、2003年4月より同教授。2016年4月同学部長、2020年4月より九州工業大学理事・副学長、現在に至る。VLSIの設計とテストに関する研究に従事。

小林 春夫 ［こばやし・はるお］

群馬大学大学院理工学府電子情報部門・教授

1982年3月東京大学大学院工学系研究科計数工学専攻修士課程修了。1989年12月カルフォルニア大学ロサンゼルス校電気工学科修士課程修了。1995年3月早稲田大学博士（工学）。産業界を経て、1997年から群馬大学にてアナログ・ミクスドシグナル集積回路の設計・テスト、信号処理アルゴリズムの研究教育に従事。

小松 聡 ［こまつ・さとし］

東京電機大学工学部教授

1996年東京大学工学部卒業。98年東京大学大学院工学系研究科修士課程修了。2001年東京大学大学院工学系研究科博士課程修了。博士（工学）。01年より東京大学大規模集積システム設計教育研究センター助手、助教、特任准教授。14年東京電機大学工学部准教授。15年より現職。大規模集積システムの設計技術、テスト技術の研究に従事。

佐藤 康夫 ［さとう・やすお］

九州工業大学客員教授

1978年東京大学大学院理学系研究科修士課程了、2005年東京都立大学大学院工学研究科博士後期課程了、博士（工学）。78年4月から09年3月まで株式会社日立製作所、03年6月から06年3月まで株式会社半導体理工学研究センター（出向）、09年4月より14年3月まで九州工業大学情報工学研究院特任教授。現在、明治大学理工学部兼任講師、電気通信大学情報理工学研究科産学官連携研究員を兼任。

志水 勲 ［しみず・いさお］

技術顧問

1975年上智大学理工学部物理学科卒業。株式会社日立製作所半導体事業部、株式会社半導体先端テクノロジーズ、株式会社ルネサステクノロジにてアナログ・デジタル混載製品の研究開発、日本電産サーボ株式会社にてCAE技術開発に従事。定年後、群馬大学大学院工学研究科電子情報工学領域博士後期課程単位取得満期退学、現在研究開発に従事。

高橋 寛 ［たかはし・ひろし］

愛媛大学大学院理工学研究科・教授、工学部長（H30-R3）
1990年から論理回路の故障検査に関する研究に従事し、故障診断およびテスト生成に関する論文に対して、2012年電子情報通信学会論文賞および2016年日本信頼性学会高木賞をそれぞれ受賞2012 IEEE Asian Test Symposiumプログラム委員長、2016 IEEE Asian Test Symposium実行委員長、電子情報通信学会シニア会員、情報処理学会シニア会員、IEEEシニア会員。

中村 和之 ［なかむら・かずゆき］

九州工業大学マイクロ化総合技術センター長・教授
1988年九州大学大学院修了。88-2001年日本電気株式会社勤務。94－95年スタンフォード大学客員研究員。2001年8月より九州工業大学においてLSI回路の高性能化、設計効率化の研究に従事。博士（工学）。

畠山 一実 ［はたやま・かずみ］

群馬大学大学院理工学府電子情報部門協力研究員
1982年に京都大学大学院博士後期課程を修了（工学博士）。以降、株式会社日立製作所、株式会社ルネサステクノロジ、株式会社半導体理工学研究センターおよび奈良先端科学技術大学院大学にてテスト設計技術に関する研究開発に従事。現在は群馬大学にてテスト設計技術に関する研究に協力するとともに、日本大学生産工学部ほかにて非常勤講師を担当。株式会社EVALUTOでは講師・技術コンサルタントを務める。

編集委員会

一般社団法人パワーデバイス・イネーブリング協会

（株式会社アドバンテスト）

江越 広弥
織笠 樹
佐々木 功
北 一三
富松 信二
秋本 賀子
津久井 幸一

尾池 洋志
木村 伸一
吉田 芳明
佐藤 博之
神成 茂

索引 Index

あ

RFテスタ ………… 190
RFデバイス ………… 116, 240
RTL記述 ………… 37
ISO9001 ………… 48
アイダイアグラム ………… 134, 244
アイパターン ………… 134
後工程 ………… 23, 30
アナログテスタ ………… 189
アナログデバイス ………… 87
アレニウスモデル ………… 62
イオン注入 ………… 25
イメージセンサ ………… 136
イメージャ ………… 136, 246
インターポーザ ………… 32
ウェーハ処理 ………… 23
ウェーハテスト ………… 23, 35
ウェーハプローバ ………… 35
ウェーハプロービングテスト ………… 35
上側規格値 ………… 58
ウェットエッチング ………… 25
ACパラメトリック試験 ………… 184, 225
A/D変換器 ………… 143, 152, 248
Si貫通ビア ………… 43
SN比 ………… 147
SRAMのメモリセル ………… 105
N型半導体 ………… 10
Nチャネル MOS (NMOS) トランジスタ ………… 19
エラーベクトル振幅 ………… 241
LSIテストシステム ………… 36
エレクトロマイグレーション ………… 65
温度サイクル試験 ………… 79

か

化学機械研磨 ………… 26
化学気相成長 ………… 24
拡散工程 ………… 23
化合物半導体 ………… 117
過剰なテスト ………… 3
加速限界試験 ………… 79
加速条件 ………… 60
活性化エネルギー ………… 64
カットオフ周波数 ………… 118
下方管理限界 ………… 57
管理図 ………… 56
機能試験 ………… 183
揮発性 ………… 95
逆バイアス ………… 12
キャリア ………… 10
偶発故障領域 ………… 53
組合せ回路 ………… 91
クリーンルーム ………… 3
クロック・データ・リカバリ ………… 131
ゲート ………… 15, 91
ゲートアレイ ………… 159
ゲートターンオフサイリスタ ………… 175
ゲート遅延 ………… 92
ゲート長 ………… 17
ゲート幅 ………… 17
検査工程 ………… 35
検証 ………… 180
高温高湿バイアス (THB) 試験 ………… 80
高温高湿保存試験 ………… 80
高温保存試験 ………… 79
光学露光 ………… 25
工程能力指数 ………… 57
GO/NOGO試験 ………… 182, 219
故障率 ………… 50
コンスタレーション・プロット ………… 241

さ

サイリスタ ………… 74, 170
3次元 (3D) 集積回路 ………… 43
3次元デバイス ………… 164, 254
サンプリング ………… 143, 224
サンプルホールド回路 ………… 145
CCDイメージャ ………… 137
CMOSイメージャ ………… 137
しきい値電圧 ………… 15, 69
システムインパッケージ ………… 254
システムLSI ………… 42, 156
下側規格値 ………… 58
ジッタ ………… 135, 244
自動レイアウト ………… 37
集積回路 ………… 8, 36, 90
周波数試験 ………… 184, 230
シュムープロット ………… 184, 231
順序回路 ………… 92
順バイアス ………… 12
上方管理限界 ………… 57
初期故障領域 ………… 53
初期品質 ………… 47
シリアル・インタフェース ………… 126
シリアル転送方式 ………… 126

シリコン単結晶 …… 9
信号対雑音比 …… 250
真性半導体 …… 9
シンボルエラーレート …… 240
信頼性 …… 47
信頼性試験 …… 77
スキャン試験 …… 211
スクリーニング …… 53, 59
スケーリング則 …… 38
ステッパ …… 25
ストレスマイグレーション …… 67
スパッタリング …… 26
スペクトルアナライザ …… 124
3Dデバイス …… 164, 254
製造品質 …… 47
静電気耐圧試験 …… 80
静電気放電 …… 74
静電破壊 …… 74
製品品質 …… 47
整流用ダイオード …… 167
積層MCP …… 164
積分非直線性誤差 …… 146
絶縁体 …… 8
設計品質 …… 47
接続試験 …… 184, 216
接着性 …… 81
セットアップ時間 …… 95
セミカスタム …… 159
セル間干渉 …… 235
セルスタック …… 235
セルベースIC …… 160
全高調波歪み …… 147
全高調波歪み率 …… 250
挿入実装タイプ …… 32, 86
相変化メモリ …… 114
測定対象デバイス …… 181
SoCテスタ …… 189
ソフトエラー …… 75

た

ダイオード …… 12
大規模集積回路 …… 8, 90
ダイシング …… 31
ダイナミック・レンジ …… 147
D/A変換器 …… 144, 249
DC試験 …… 216, 244
DC特性試験 …… 184
Dフリップフロップ …… 92
DRAM …… 95
DRAMのメモリセル …… 99
抵抗率 …… 8
テクノロジー …… 37
デジタルデバイス …… 87
テストコスト …… 4
テストストラクチャ …… 60
テストの見逃し …… 3
テストプラン …… 185
テスト容易化手法 …… 211
デバイス試験 …… 180
デラミネーション …… 73
ΔΣ変調器 …… 154
電解腐食 …… 72
電源電流試験 …… 184, 216
転送方式 …… 126
同測テスト …… 193
導体 …… 8
特性評価 …… 180
特定用途デバイス …… 158
トライアック …… 176
ドライエッチング …… 25
トランシーバ …… 118

な

NAND型フラッシュメモリ …… 112
2.5Dデバイス …… 163
入出力電圧試験 …… 184, 216
入出力電流試験 …… 184, 216, 219
濡れ性 …… 81
熱酸化工程 …… 24
熱衝撃試験 …… 79
ノイズ …… 54, 82
NOR型フラッシュメモリ …… 113

は

ハードウェア記述言語 …… 37
パープルプレーグ …… 71
バーンイン試験 …… 59, 181
BiCMOS型 …… 87
配線遅延 …… 92
バイポーラ …… 88
バイポーラ型 …… 88
バイポーラトランジスタ …… 13, 88, 169
バウンダリスキャン試験 …… 214
パケットエラーレート …… 240
バスタブ曲線 …… 53
パッケージクラック …… 73
パッケージ形状 …… 32, 86
パッケージタイプ …… 32

パッケージテスト …… 23, 36
パラメトリック試験 …… 183, 219, 221
パラレル転送方式 …… 126
パワーデバイス …… 76, 167
パワーバイポーラトランジスタ …… 169
パワー MOSFET …… 170
はんだ耐熱性/はんだ付け性試験 …… 81
半導体 …… 8
半導体材料 …… 8
半導体試験装置 …… 180, 189
バンドギャップリファレンス …… 145
ハンドラ …… 36
PN接合 …… 12
P型半導体 …… 10
Pチャネル MOS(PMOS)トランジスタ …… 20
ビットエラーレート …… 240
ビットエラーレートテスタ …… 244
微分非直線性誤差 …… 146
標準偏差 …… 58
表面実装タイプ …… 33, 86
品質マネジメントシステム …… 48
ファイナルテスト …… 36
5G …… 121
ファンクション試験 …… 183, 194, 226
フィット …… 50
FAILビットマップ …… 236
フォトリソグラフィー …… 24
不揮発性 …… 95
不純物半導体 …… 10
歩留まり …… 3
フラッシュメモリ …… 110
フリップチップ …… 30
フリップチップ BGA …… 34
フリップフロップ …… 92
不良率 …… 49
フルカスタム …… 159
プローブカード …… 35
平均故障間隔 …… 51
平均修復時間 …… 52
平均寿命 …… 51
ベクトル・シグナル・アナライザ …… 240
ベクトル・シグナル・ジェネレータ …… 241
変調方式 …… 120
ホールド時間 …… 95
保証管理試験 …… 79
ホットキャリア …… 69

ま

マウンティング …… 30
前工程 …… 23, 35
マスクROM …… 96, 108, 235
磨耗故障領域 …… 53
ミクストシグナルテスタ …… 189
ムーアの法則 …… 40
無線トランシーバ回路 …… 119, 123
メモリテスタ …… 191
メモリデバイス …… 89, 95, 235
MOS型 …… 88
MOSキャパシタ構造 …… 14
MOS構造 …… 14
MOSトランジスタ …… 16
MOS FET …… 16
モニタードTHB試験 …… 80

ら

ラッチアップ …… 73
リフレッシュ …… 100
ループバック試験 …… 244
レジスト塗布工程 …… 24
劣化 …… 51, 82
ロジックテスタ …… 190
ロット …… 24
論理合成 …… 37

わ

ワイブル確率紙 …… 61
ワイブル分布関数 …… 61
ワイヤーボンディング …… 30

A

Analog Device …… 87
Application Specific Standard Product …… 158
ASIC …… 158
ASSP …… 158

B

Ball Grid Array …… 33, 86
bath tub curve …… 53
BER …… 135, 240
BERT …… 244
BGA …… 33, 86
Bipolar …… 88
Bit Error Rate …… 135, 240
burn-in test …… 181

C

CDR ……… 131
Central Processing Unit ……… 89
characterization ……… 180
Chemical Mechanical Polishing ……… 26
Chemical Vapor Deposition ……… 24
Chip on Chip ……… 166
Chip Scale Package ……… 34
Clock Data Recovery ……… 131
Clock Recovery Unit ……… 130
CMOS ……… 88
CMP ……… 26
CoC ……… 164
CODEC ……… 89
Coder-Decoder ……… 89
Complementary MOS ……… 88
Cp ……… 57
Cpk ……… 57
CPU ……… 89, 157
CSP ……… 34

D

DDR-SDRAM ……… 102
Defective Rate ……… 49
Design For Test ……… 211
Device Under Test ……… 181
DFT ……… 211
Differential Non-Linearity ……… 146
Digital Device ……… 87
Digital Signal Processor ……… 89, 157
DIP ……… 32, 86
DNL ……… 146, 249
Double Date Rate SDRAM ……… 102
DRAM ……… 95
DSP ……… 89, 157
Dual in-line Package ……… 32, 86
DUT ……… 181
Dynamic Range ……… 147

E

ECL ……… 88
EEPROM ……… 109
Electrostatic Discharge ……… 74
EMC ……… 83
Emitter Coupled Logic ……… 88
EPROM ……… 109
Erasable Programmable ROM ……… 109
Error Vector Magnitude ……… 241
ESD ……… 74
Ethernet ……… 128
EV ……… 178
EVM ……… 241
Eye Diagram ……… 244
Eye Pattern ……… 134

F

Fail Bit Map ……… 236
Failure In Time ……… 50
Failure Mode Effect Analysis ……… 56
Failure Rate ……… 50
Fan Out Wafer Level Package ……… 34
Fault Tree Analysis ……… 55
FeRAM ……… 115
Field Programmable Gate Array ……… 161
FinFET ……… 21
FIT ……… 50
Flip-Flop ……… 37, 92
FMEA ……… 56
FOWLP ……… 34
FPGA ……… 159
FTA ……… 55

G

GaN ……… 117
Gate Length ……… 17
Gate Turn-Off Thyristor ……… 175
Gate Width ……… 17
GPU ……… 90

H

HALT ……… 83
Hardware Description Language ……… 37
HASS ……… 83
HCI ……… 69
Hold Time ……… 95
Hot Carrier Injection ……… 69

I

IC ……… 8
IGBT ……… 172
Image Sensor ……… 136
Imager ……… 136
INL ……… 146, 249
Insulated Gate Bipolar Transistor ……… 172
Integral Non-Linearity ……… 146
Integrated Circuit ……… 8
Interposer ……… 31
ISO9001 ……… 48

J

JTAG 214

K

KGD 255
Known Good Die 255

L

Land Grid Array 34, 86
Large Scale IC 8
Large Scale Integration 8
LCC 33, 86
LCD 89
LCL 57
Leadless Chip Carrier 33, 86
LGA 34, 86
Liquid Crystal Display 89
Low Voltage Differential Signaling 130
Low-Power Double Date Rate SDRAM 102
LPDDR-SDRAM 102
LSI 8, 89
LSL 58
LVDS 130

M

MCP 163
Mean Time Between Failures 51
Mean Time To Failures 51
Mean Time To Repair 52
Metal Oxide Semiconductor 14, 88
Metal-Oxide-Semiconductor Field-Effect-Transistor 16, 170
MOS 88
MOS Field-Effect Transistor 88
MOSFET 88, 170
More Moore 40
More than Moore 40
MRAM 115
MSI 90
MTBF 51
MTTF 51
MTTR 52
Multi Chip Package 163, 164

N

NBTI 70
Negative Bias Temperature Instability 70
NMOS 20

O

One Time PROM 109
OTPROM 109
over-kill 3

P

Package on Package 165
Packet Error Rate 240
Parallel Transmission 126
PBTI 70
PCB 162
PCI Express 128
PCM 114
PER 240
PGA 32, 86
Pin Grid Array 32, 86
PLCC 33, 86
Plastic Leaded Chip Carrier 33, 86
PLD 161
pMOS 20
PoP 165
Positive Bias Temperature Instability 70
Power Bipolar Transistor 169
Power MOSFET 170
ppm 49
Printed Circuit Board 162
Programmable Logic Device 161
PROM 109

Q

QFP 33, 86
QMS 48
Quad Flat Package 33, 86
Quality Management System 48

R

Register Transfer Level 37
Reliability 48
ReRAM 114

S

SDRAM 102
SEB 76
SER 240
SerDes 132
Serial Transmission 126

Serializer/Deserializer 132
Setup Time 95
SIC 117
Signal to Noise Ratio 147, 250
Single in-line Package 32, 86
SIP (Single in-line Package) 32, 86
SiP (System in Package) 43, 162
Small Outline J-leaded Package 33, 86
Small Outline Package 33, 86
SNR 147, 250
SoB 162
SoC 42, 89, 156
SOJ 33, 86
SON 86
SOP 33, 86
SRAM 103
SSI 90
SSRAM 108
Symbol Error Rate 240
System in Package 43, 162
System-On-a-Chip 42, 89, 156
System on Board 162

T

TDDB 68
TEG 60
Test Element Group 60
test escape 3
THD 147, 250
Threshold Voltage 15
Through Silicon Via 43, 166, 255
Thyristor 173
Time Dependent Dielectric Breakdown 68
Total Harmonic Distortion 147, 250
transceiver 119
Transistor Transistor Logic 88
TRIAC 176
TS16949 48
TSOP 86
TSV 43, 164, 255
TTL 88, 208

U

UCL 57
ULSI 90
USB 128
User Specific IC 158
USIC 158
USL 58

V

Vector Signal Analyzer 240
Vector Signal Generator 241
verification 180
VLSI 90
VSA 241
VSG 241

Y

yield 3

Z

Zigzag Inline Package 86
ZIP 33, 86

序章 半導体の試験について
第1章 半導体の基礎
第2章 半導体の品質保証
第3章 半導体製品の分類
第4章 半導体の試験項目
付録

はかる×わかる半導体（はんどうたい）　入門編（にゅうもんへん）　改訂版（かいていばん）

2020年12月14日　第1版第1刷発行
2024年9月2日　　　　第5刷発行

監　　修	浅田邦博
	一般社団法人 パワーデバイス・イネーブリング協会
発 行 者	寺山正一
発 行 所	株式会社日経BPコンサルティング
発　　売	株式会社日経BPマーケティング
	〒105-8307　東京都港区虎ノ門4丁目3番12号
装　　丁	コミュニケーションアーツ株式会社
制　　作	有限会社マーリンクレイン
印刷・製本	TOPPANクロレ株式会社

ISBN978-4-86443-136-1